Schöchle, Das Schlitzohr

Albert Schöchle

Das Schlitzohr

Bekenntnisse eines leidenschaftlichen Gärtners und Tierfreunds

Konrad Theiss Verlag Stuttgart

Redaktion: Heidi-Barbara Kloos
Umschlaggestaltung: Michael Kasack, Frankfurt

CIP-Kurztitelaufnahme der Deutschen Bibliothek

Schöchle, Albert:
Das Schlitzohr: Bekenntnisse e. leidenschaftl.
Gärtners u. Tierfreunds / Albert Schöchle. –
Stuttgart: Theiss, 1981.
ISBN 3-8062-0269-9

3. Auflage 1985

ISBN 3 8062 0269 9

Satz: Bauer & Bökeler Filmsatz GmbH, Denkendorf
Druck und Verarbeitung: Ebner Ulm
Printed in Germany

Meiner Frau, der
Gärtnerin meines
Lebens, gewidmet

Inhalt

Das Glück beginnt mit einem alten Haus

Wenn ich heute im Köpfhof am Fenster sitze und auf das Illertal hinuntersehe, mit seinen Bauernhäusern, Kirchlein, Weilern und dazwischen das liebe alte Kempten – die Neubauten wegzudenken fällt mir leicht –, aus dem stolz die Türme der Stiftskirche und die schlanke Nadel des Turms von St. Mang herausragen, empfinde ich dankbar, daß ich im Leben ungeheuer viel Glück gehabt habe.

Das Glück begann schon damit, daß ich in ein wunderbares altes Haus hineingeboren wurde, mit breiten Gängen und Treppen, mit meterdicken Mauern, in deren tiefen Fensterleibungen man sich heimelig fühlte. Es war so herrlich verwinkelt, daß ich schon in frühester Jugend die abenteuerlichsten Entdeckungsreisen machen konnte. Jeder Besitzer nämlich fühlte sich veranlaßt, ein Stück dazuzubauen oder manchmal auch abzureißen, dies allerdings selten, denn man war früher damit nicht so leicht zur Hand wie heute. Den breiten Korridoren schlossen sich enge Gänge mit geheimnisvollem Halbdunkel an. Neben den bequemen Treppen gab es verwundene Treppensteige. Manche Türen führten zu fensterlosen Kammern, in denen Urväter-Hausrat lag, den man damals als alten Kruscht bezeichnete, und der nur deshalb hier liegenblieb, weil so viele Räume da waren, daß niemand auf die Idee kam, das alte Gerümpel hinauszuwerfen, um Platz für Neues zu schaffen. Dazu gab es noch Dachböden über Dachböden, von denen wieder die Dachböden der Nebengebäude abgingen, die mit noch wertloserem Gerümpel vollgestopft waren als es die Kammern bargen. Heute würde dieser Kram das Lager eines oder mehrerer Antiquitätengeschäfte füllen, wohl auch deshalb, weil unser altes Haus ein Hotel war, für dessen Zimmer mit 50 Gastbetten eine ziemliche Menge Möbel und anderer Einrichtungsgegenstände zum Austauschen bereitstehen mußten. Diese Kammern und Böden waren ein Wunderland für Kinder – man durfte sich dort nur nicht erwischen lassen. Warum wir Kinder hier nicht stöbern durften, war mir eigentlich ein Rätsel, denn durch verschiedene Suchaktionen der Erwachsenen war die Unordnung so groß, daß wir sie auch nicht mehr vergrößern konnten. Der größte Dachboden diente zum Wäschetrocknen. An seinem Ende befanden sich die Kammern der weiblichen Dienstboten. Das waren bessere Holzverschläge, die mit einfacher Kalkfarbe getüncht waren. Diese Kammern, besonders die des Küchenpersonals, übten eine ungeheuerliche Faszination auf uns Kinder aus, denn nirgends roch es so betörend nach Pomade, Rheumamitteln und billiger Seife wie hier. Ein besonderes Refugium für Kinder war das Stallgebäude mit dem Heuboden und den Kammern für die männlichen Dienstboten. Es war eine wahre Lust, durch

den ganzen Heustock hindurch Stollen zu graben oder Nester anzulegen. Hier Verstecken zu spielen, überstieg fast die Grenzen kindlicher Wonne.
Das Herz des Hauses bildete eine riesengroße Küche, mit Spülküche und Speisekammern. Mit der Küche durch ein Büffet verbunden, war der Speisesaal. Der Stolz meines Vaters war eine Glasveranda, die er als weiteres Anhängsel an den früheren Gebäudekomplex anpappen ließ. Daneben gab es noch ein Kaffeerestaurant. Diese Räume waren für uns Kinder tabu. Nur zum Mittag- und Abendessen durften wir in den Speisesaal. Diesen Mahlzeiten ging jeweils ein hygienischer und ästhetischer, aber meist hoffnungsloser Überholungsversuch meines Äußeren voraus. Das Ganze sehr zu meinem Mißvergnügen. Ein Gastraum übte eine ganz besondere Anziehungskraft auf mich aus, nämlich die Kutscher- oder Bauernstube. Selbstverständlich hatte ich auch hier nichts zu suchen, aber hier herrschte kein Oberkellner, sondern die Piccolos meines Vaters, zwei meiner Busenfreunde, die mir sofort Zeichen gaben, wenn Gefahr im Verzug war.
Das also war das Haus, in das ich am 13. März 1905 hineingeboren wurde. Es steht in Kempten/Allgäu, Ecke Post- und Salzstraße, und heißt Hotel »Zur Post«.
Als ich geboren wurde, war bei meinen Eltern die Freude groß, daß der längst erwartete Stammhalter angekommen war. Meine guten Eltern ahnten ja noch nicht, was ihnen mit mir noch alles bevorstand. So wünschten sie sich ihren Sohn als ordentliches und sauberes Kind, während ich lieber in den Straßenrinnen ein Meister im Dammbauen wurde, und das möglichst im Sonntagsanzug. Jedoch sei der Objektivität halber gesagt, daß es mir auch an Werktagen

gelang, die Anzüge in genauso kurzer Zeit schmutzig zu machen.
Meine Abneigung gegen gute Kleidung hatte ihre Ursache in den Ermahnungen »paß auf deine Hose auf«, »mach dich nicht so schmutzig«, »oh Gott, wie sieht das neue Hemd aus« und ähnlichen reizvollen Bemerkungen. Ich achtete zwar nicht auf meine Kleidung, aber ich konnte mit größter Genauigkeit sagen, wo die tiefsten Pfützen auf meinem Schulweg lagen oder an wie vielen Hunden man auf diesem Schulweg vorbeikam und welchen Charakter diese Hunde hatten. Wie mir überhaupt der Schulweg als das Schönste an der ganzen Schule erschien. Das war auch der Grund dafür, daß ich immer sowohl zu spät in die Schule als auch zu spät nach Hause kam. So ein Schulweg war ja auch keine so einfache Sache wie etwa eine Unterrichtsstunde. Im Unterricht mußte man sich nur hinsetzen und ein interessiertes Gesicht schneiden, dann konnte man ruhig etwas anderes denken oder treiben, man mußte allerdings wissen, ob der Lehrer die fragte, die sich melden oder die sich nicht melden. Man mußte also genau kalkulieren, ob man beim Abfragen den Finger heben mußte, wenn man etwas wußte oder wenn man nichts wußte. Sollte man aber doch einmal mit dieser Methode Pech haben, so war es wichtig, daß man seinen Nebensitzer so weit erzogen hatte, daß er einem aus der Patsche half. Deshalb empfahl es sich, als Nebensitzer einen guten, aber körperlich etwas schwächlichen Schüler zu wählen, der in den Pausen eines gewissen Schutzes bedurfte. So war also eine Unterrichtsstunde eigentlich eine reine Routinesache. Ganz anders dagegen mein Schulweg. Ich ging in die evangelische Volksschule in Kempten. Diese lag in der Altstadt, auf dem Gebiet der überwiegend evan-

gelischen ehemaligen freien Reichsstadt, während mein Elternhaus in der ehemaligen katholischen Stiftsstadt lag. Nun aber bestand seit der Reformation eine tiefe Kluft zwischen den Bewohnern der Stiftsstadt und denen der freien Reichsstadt. Sie war zwar seit über hundert Jahren durch die Vereinigung beider Städte unter bayerischer Hoheit eingeebnet worden, aber leider nur bei den Erwachsenen. Die Kinder dagegen wurden an der Bewältigung dieser Vergangenheit immer noch durch die Konfessionsschulen gehindert. Was Wunder, wenn es jeder kräftig gebaute junge Christ als ein Gott wohlgefälliges Werk ansah, jeden – möglichst etwas schwächer gebauten – Andersgläubigen zu verdreschen, wenn er seinen Weg kreuzte. Da nun die katholische Volksschule nahe bei meinem Elternhaus lag und die Schulen gleichzeitig mit dem Unterricht anfingen, war mein Schulweg ziemlich gefährlich. Ich mußte nämlich mit einer größeren Zahl Gegner rechnen, und zwar wurde die Sache um so brenzliger, je später ich den Schulweg antrat. Es galt also, bei Verspätungen eine Route zu wählen, auf der ich nur mit vereinzelten Schülern dieser Schule zusammentraf. Denn jeden Tag von einer überlegenen Gruppe angegriffen und verprügelt zu werden, war nicht nur schmerzlich, sondern hatte auch zur Folge, daß man in einem ziemlich desolaten Zustand in der Schule ankam und dafür eine Strafarbeit erhielt. Außerdem trug mir die zerrissene Kleidung eine elterliche Abreibung ein.

Weiter mußte man entscheiden, welches Vergnügen man sich auf dem Schulweg gönnen wollte. Ging man über den Stadtpark, so fand man bestimmt interessante Raupen, Käfer, Spinnen oder Würmer. Auch kam man auf dieser Route bei dem Bernhardiner Barry vorbei. Ging man über die Gerberstraße, so konnte man in Biechtelers Haus im Keller ein Mühlrad sehen. Ein Stück weiter war ein Rehpinscher, der furchtbar bellte wenn man ans Fenster klopfte, was seine Besitzerin, eine schweratmige alte Jungfer, zu besonders reizvollen Zornesäußerungen veranlaßte. Bei Regen freilich mußte man unbedingt über die Klostersteige gehen. Da schoß das Wasser einfach großartig herunter, und man konnte eine erstklassige Überschwemmung inszenieren, wenn man den Schieber des Gully verschloß. Am Freitag mußte man auf alle Fälle über die Sutt gehen, da stand vor einem Hause eine Tafel mit der Aufschrift »frische Seefische«. Diese Tafel war völlig überflüssig, denn man roch diese angeblich frischen Fische schon von weitem. Es gehörte zur Tradition unserer Schule, daß wir möglichst zahlreich durch diese Gassen gingen und mit zugehaltener Nase ein infernalisches Geschrei ausstießen. So war vor dem Ersten Weltkrieg ein Schulweg eine hochinteressante und unterhaltende Angelegenheit, ohne den Streß, der heute damit verbunden ist. In der Schule selbst herrschte damals eine strenge Zucht. An der Wand hing hinter einem Glasrahmen das Schulgebet, das der Schüler, der den Klassendienst hatte, jeden Morgen abnehmen mußte, dann wurde gemeinsam gebetet. Wozu er es abnehmen mußte, ist mir heute noch unklar, denn wir konnten es ja auswendig. Als Zuchtmittel diente in der Volksschule der Tatzenstecken und Strafarbeiten, in der höheren Schule Strafarbeiten, Arrest und Rektoratsstrafen beziehungsweise Karzer oder schwerer Karzer. Bei Strafarbeiten war es höchst peinlich, daß man sie vom Vater unterschreiben lassen mußte. Mir waren deshalb Tatzen am liebsten. Man hatte es hinter sich und konnte noch durch stoische Haltung wie ein Indianer am Marterpfahl seine Spezis beeindrucken. Wie engherzig damals diese Dinge gehandhabt wurden, zeigt am besten folgender Vorfall: Anläßlich eines Klassenausflugs machten wir eine kleine Bahnfahrt. Ich beugte mich zum Fenster hinaus, der Wind erfaßte meinen Schillerkragen, und er flog davon. Dafür bekam ich eine Stunde Arrest. Dabei ist zu bedenken, daß so ein Schillerkragen damals nicht etwa mit dem Hemd fest verbunden war, sondern lose eingeschoben wurde. Im folgenden Jahr zog ich bei Beginn der Bahnfahrt den Schillerkragen ostentativ aus und schob ihn in die Tasche. Darauf erhielt ich vom gleichen Studienprofessor eine Stunde Arrest, weil ich »in halbbekleidetem Zustand an einer gemeinsamen Fahrt in einem öffentlichen Verkehrsmittel teilgenommen und damit das Ansehen einer höheren Schule und seines Vertreters beeinträchtigt hatte«.

Da meine Eltern von morgens bis abends von dem Hotelbetrieb in Anspruch genommen waren, hatten wir zu Hause eigentlich mehr Kontakt mit dem Hauspersonal als mit den Eltern. Die Haupterziehungsaufgabe hatte unsere Großmutter mütterlicherseits übernommen. Abends betreute uns manchmal ein Zimmermädchen. Dieses nahm uns öfters mit zur Maiandacht in der Stiftskirche. Da ging ich gerne hin, weil mir die vielen »bunten Schnäpse«, beziehungsweise das, was ich dafür hielt, so sehr imponierten und ich mich lange der Hoffnung hingab, daß ich eines Tages auch einmal einen probieren dürfte. Das war nämlich so: Auf dem Hochaltar standen zur Erhöhung der Feierlichkeit Glaskugeln mit rot, grün, orange und gelb gefärbtem Wasser, hinter denen Kerzen brannten, und ich hielt als echter Wirtssohn diesen Beleuchtungseffekt für eine Schaustel-

lung besonders hervorragender Liköre. Als sich später mein Irrtum aufklärte, erlosch mein Interesse an den Maiandachten.
Ansonsten erweiterte der Umgang mit den Zimmermädchen im großen Umfang unsere Kenntnis von Spuk- und Geistergeschichten, die zwar meist recht primitiv und blutrünstig, aber deshalb für ein Kindergemüt besonders eindrucksvoll waren.

Die Sache mit der Maus, der Katze und dem Bückling

Als ich die ersten Volksschuljahre hinter mir hatte, änderte sich meine Zuneigung, und ich schloß mich mehr den Piccolos meines Vaters an. Mein spezieller Busenfreund war der Philipp. Eigentlich hieß er Albert, aber da mein Vater und ich auch Albert getauft waren, bekam er einfach den Vornamen seines Vorgängers. Besagter Philipp und ich hatten einen gemeinsamen Todfeind, das war der »Vize« Eugen. Ein »Vize« war der Vizehausmeister, also der Vertreter des Empfangschefs, der damals noch den bescheidenen Namen Hausmeister führte. In Eugens Waschbecken schwammen des öfteren tote Mäuse, aber kein Mensch glaubte, daß diese etwa hier Selbstmordversuche unternommen hatten, sondern wir kamen in den Verdacht der Täterschaft. Eugen beschwerte sich bei meinem Vater, und es fand ein Verhör statt. Der Ort der Verhöre, wenn wir etwas angestellt hatten, war die Fensterleibung des ersten

Fensters des Speisesaals. Sie wurden immer am Nachmittag, wenn der letzte Gast den Speisesaal verlassen hatte, zelebriert. Deshalb öffnete Philipp, der es schon ahnte, wenn etwas im Salz lag, rechtzeitig das Fenster einen kleinen Spalt. Meist wurde ich zuerst zur hochnotpeinlichen Befragung gerufen, dann stand Philipp draußen vor dem Fenster und umgekehrt. Mein Vater wunderte sich deshalb über die hieb- und stichfeste Übereinstimmung unserer Aussagen, die durch keinen Trick – etwa der andere hätte schon gestanden – ins Wanken gebracht werden konnten.
Die Sache mit den Mäusen konnten wir nicht mehr wiederholen, das sahen wir ein; deshalb kamen wir nach Weihnachten auf die Sache mit der Katze und dem Bückling: Eines Tages fanden wir eine tote Katze. Wir freuten uns sehr darüber und wollten sie in Eugens Zimmer aufhängen, damit es dort recht schön stinkt. Wir rückten deshalb den Schrank von der Wand, schlugen einen Nagel in seine Rückseite, hängten die Katze daran auf und rückten den Schrank wieder an seinen Platz. Das ging sehr gut, denn hinter dem Schrank liefen Heizrohre vorbei, so daß ein Zwischenraum vorhanden war. Nun gingen wir jeden Tag ein- bis zweimal in »Eugens Bude«, wie wir sein Zimmer nannten, und nahmen eine Geruchsprobe. Aber zu unserer Enttäuschung stellte sich der Geruch nicht ein. Als wir den Schrank wegrückten, mußten wir feststellen, daß der Kadaver durch die trockene Luft der Dampfheizungsrohre total eingetrocknet war. Es nützte auch nichts, als wir den Kadaver einen Tag ins Wasser legten, er trocknete einfach wieder ein. Da kam uns eine Idee. Wir kauften einen Bückling, nahmen die Schublade am Fußende von Eugens Schlaftruhe heraus, nagelten den Bückling auf die Rückseite, und schon

nach zwei Tagen war der gewünschte penetrante Gestank in Eugens Bude. Er suchte zwar überall nach der Ursache, aber die Schublade zog er nicht heraus, wie wir richtig vermutet hatten. Entschieden angenehmer empfand diesen Geruch wohl eine Maus, die irgendwie ins Zimmer gekommen war und den Bückling auffraß. Eugen begegnete ihr, als er eines morgens um fünf Uhr die Schublade aufzog, um seine Schuhwichse herauszuholen. Es gab zwar wieder ein Verhör, aber an der Maus waren wir wirklich unschuldig.
Am meisten Spaß machte uns die Geschichte mit der Feder. Dazu muß ich zuerst eine Ortsbeschreibung liefern. Durch das ganze Haus ging damals ein breiter Gang, und damit es nicht zieht, waren vorne, hinten und in der Mitte je ein Glasabschluß. Da die Türen dieser Abschlüsse immer offenstanden und es deshalb trotzdem zog, ließ mein Vater an dem mittleren Abschluß eine Feder als Türschließer anbringen, die schön vernickelt war und in dem dunklen Gang hell blitzte. Wenn nun ein Gast des Kutscherstübles ein menschliches Rühren hatte, mußte er durch den mittleren Glasabschluß zum WC. Auf dem Rückweg sah er nun die Feder blitzen und hielt sie für einen Türdrücker. Wir erkannten bald die Möglichkeit und schmierten die Feder dick mit Senf ein. Es gab damals in Bayern zweierlei Senf, den grauen deutschen Senf und den französischen, der seiner Farbe und Konsistenz entsprechend den Namen »Kindlesdreck« führte. Den französischen Senf strichen wir auf die Feder, und wenn nun ein ahnungsloser Bauer den stillen Ort aufsuchte und auf dem Rückweg die Feder erwischte, glaubte er, die Feder wäre frisch geölt und wischte sich die Hand an der Hose ab. Wenn er dann wieder in das Kutscherstüble zurückkam, freuten sich alle Anwesenden,

denn sie wußten ja, wo er herkam, aber keiner wußte, daß es nur Senf war, den er an der Hose hatte.
In Philipp hatte ich aber auch einen guten Verbündeten bei größeren Schwierigkeiten, wie zum Beispiel dann, wenn ich in der Schule einen Arrest erhielt. Die Benachrichtigung dafür kam durch die Post. Philipp, der die Post holen mußte, brachte sie an diesen Tagen meinem Vater erst, wenn er alle Hände voll zu tun hatte. Damit war schon einiges erreicht, aber der Zettel war noch lange nicht unterschrieben. Wir warteten zwei bis drei Tage. Abends, etwa eine Stunde nachdem ich ins Bett gegangen war, benutzte Philipp die Gelegenheit, meinem Vater mitzuteilen, daß ich am folgenden Morgen unbedingt die unterschriebene Arrestmitteilung in die Schule mitbringen müsse. Mein Vater unterschrieb sie mit der Absicht, am nächsten Tag mit mir ein ernstes Wort zu reden. Aber unsere Rechnung ging auf, im Drange der Geschäfte hatte er es meist vergessen, zumal ich an diesem Tag wohlweislich vermied, die Aufmerksamkeit auf mich zu lenken.
Die Angelegenheit wurde erst dann gefährlich, wenn meine Mutter von meinen Missetaten Wind bekam. Es kam dann meist zu einem, wie ich es nannte, »Familienkarusell«, und das ging so vor sich: Mein Vater griff zum Meerrohr, legte mich über das Knie und zog mir eine über den Hintern, darauf stieß ich einen Schrei aus und bedeckte diesen Körperteil mit den Händen. Deshalb landete der nächste Hieb auf ihnen. Das war für mich Grund, ein Fortissimo an Schmerzgebrüll auszustoßen und schleunigst meine Hände aus der Gefahrenzone zu bringen. Dieser Schrei war zuviel für ein Mutterherz. Wild entschlossen stürzte sich deshalb meine Mutter auf ihren Sprößling, um ihn vor weiteren Mißhand-

lungen zu schützen. Mein Vater hatte diese Reaktion schon erwartet, machte eine Viertelsdrehung, und schon sauste das Meerrohr wieder auf den diesmal ungeschützten Podex. Inzwischen kurvte meine Mutter um ihren Ehemann, um Schreckliches zu verhindern, während ich die schmerzende Stelle wieder mit den Händen bedeckte. Mein Vater machte wieder eine Viertelsdrehung, um mir den nächsten Hieb zu verpassen, ehe sich die schützende Mutter ins Zeug legen konnte. So drehte sich das Ganze um meinen Vater als Achse, während wir beide etwa wie Monde den Planeten umkreisten, bis alle drei völlig außer Atem das grausame Spiel beendeten.

Daß ich nicht gerne das Opfer dieser Züchtigungen wurde, ist verständlich. Deshalb flüchtete ich einmal beim Anblick des gezückten Meerrohrs auf den höchsten Kastanienbaum im Garten. Als ich auf diesem Baum in halber Höhe saß, forderte mich mein Vater mit den Worten »komm runter« zur Kapitulation auf, dabei wippte er unbewußt mit dem Meerrohr. Dieses Wippen aber versetzte mir einen solchen Schrecken, daß ich immer höher kletterte, bis ich ganz oben in der Spitze des Baumes war. Dort schwankte der Ast so gefährlich, daß ich mich weder vor noch zurück traute und die Aufforderung herunterzukommen, mit einem kläglichen »komm doch rauf« beantwortete. Meinem Vater blieb nichts übrig, als den altbewährten »Vize« auf den Baum zu schicken, der mich dann auch unbeschadet wieder auf die Erde brachte.

Damit wären wir an einer Stätte angelangt, die eine Quelle meiner größten Kindheitsfreuden war, nämlich unser Garten. Er war mit etwa hundertjährigen Kastanien und Linden bepflanzt, die im Laufe der Zeit zu einem so dichten Dach zusammengewachsen waren, daß kein Sonnenstrahl die Erde erreichte. Jeder der in unserem Garten saß, begann deshalb nach kurzer Zeit zu frieren, und ein längerer Aufenthalt war nur an heißen Sommertagen oder an sonnigen Frühlingstagen vor dem Laubaustrieb ein Genuß. Dadurch blieb dieser Garten praktisch ausschließlich mein Refugium. Hier grub und pflanzte ich nach Herzenslust. Leider blieb der Erfolg aus, da bei diesem intensiven Schatten noch nicht einmal Unkraut wuchs. Es lohnte sich auch nicht, daß ich lange Wanderungen zu Standorten von Märzenbechern und Schneeglöckchen unternahm, um sie auszugraben und in diesen Garten zu pflanzen. Da erbarmte sich endlich meine Großmutter und ließ auf der Altane über der Glasveranda Kisten mit Erde füllen, in denen ich meine gärtnerischen Ambitionen befriedigen konnte. Bald blühten hier zahlreiche Sommerblumen, angefangen bei der Kapuzinerkresse bis hin zu Reseda und Gretel im Busch.

Aber nicht nur der Garten, auch die freie Natur begeisterte mich derart, daß ich alles darüber vergaß. So war es bei den sonntäglichen Spaziergängen, vor allem während des Ersten Weltkrieges, üblich, ein Vesperpaket mitzunehmen, und ich hatte das zweifelhafte Vergnügen, es zu tragen. Aber immer wieder wußte ich, an den Tümpelchen seitlich der Rottach Groppen und Libellen zu fangen oder an der Iller den Schwänen zuzuschauen. Falls in der Nähe des Weges ein Standort von Knabenkräutern oder gar Frauenschuh oder auch Trollblumen und anderer seltener Pflanzen war, mußte ich nach diesen sehen. So kam ich oft mit reichlicher Verspätung in dem vereinbarten Landgasthof an, wo die hungernde Familie schon seit längerer Zeit, manchmal seit Stunden, meiner beziehungsweise des Vesperpaketes harrte. Da kam es dann schon vor, daß mir erst jetzt einfiel, daß das mir anvertraute Vesper irgendwo liegengeblieben war. Aber selbst die begeisterten Schilderungen der in diesen Tümpelchen lebenden Bergmolche konnten die um ihr Vesper betrogene Gesellschaft nicht besänftigen.

Mit dem »Zebra« in die neue Zeit

Völlig ungeahnte Perspektiven eröffneten sich für meine Familie und mein Elternhaus, als mein Vater das Auto entdeckte. Er ersetzte 1910 die zwei PS des Pferdeomnibus durch die 20 PS eines siebensitzigen Autos, welches einen gewaltigen Kofferkasten hatte, der, wie die Karosserie, hell- und dunkelbraun gestrichen war, was ihm den Namen »das Zebra« einbrachte. In der Reihe der Hausmeister am Bahnhof Kempten stand nun ein Mann mit einer Chauffeursuniform, auf dessen Mütze die Schrift »Hotel Post« prangte, und ich glaube, das war eine gute Werbung für das Hotel meiner Eltern, denn viele Reisende ließen sich den Genuß einer Autofahrt nicht entgehen, zumal der Fahrpreis im Zimmerpreis eingeschlossen war. Da meist nicht alle Plätze des Zebras von Hotelgästen besetzt waren, konnten auch andere Personen gegen Lösung eines Fahrscheines mitfahren. Das war ein Geschäft, das alle Erwartungen übertraf und das Auto finanzierte. Denn Autos waren damals noch eine große Seltenheit, und von den 27000 Einwohnern Kemptens waren bisher kaum 300 in einem Auto gesessen.

Deshalb warteten stets sechs bis zehn Personen im Vestibül des Hotels, bis ein Platz in dieser Wunderkarosse frei war, um mit ihr zum Bahnhof zu fahren und dann von dort um ein Erlebnis reicher nach Hause zu gehen. Die besseren Fahrgäste lösten eine Rückfahrkarte und setzten sich in unser Restaurant, bis sie abgerufen wurden. Nach der Rückfahrt schmeckte ihnen ihr Früh-, Mittags- oder Abendschoppen noch einmal so gut, denn man machte ja nicht jeden Tag einen so großen Schritt in die neue Zeit. Da an Sonntagen kaum Reisende zu erwarten waren, fielen die Fahrten zum Bahnhof aus, dafür setzte sich mein Vater selbst ans Steuer und machte mit seiner Familie oder Freunden Ausflüge. Meine Mutter mußte neben ihm sitzen, um ihn auf Gefahren oder entgegenkommende Fahrzeuge aufmerksam zu machen. Mein Vater sah nämlich sehr schlecht. So entwickelte sich etwa folgendes Gespräch:

Beifahrerin: »Da vorne kommt was.«

Fahrer: »Kommt es entgegen?«

Beifahrerin: »Ja.«

Fahrer: »Ist es ein Fuhrwerk oder ein Auto?«

Beifahrerin: »Ein beladener Heuwagen.«

Fahrer: »Kann ich vorbeikommen?«

Beifahrerin: »Am besten du hältst an, du kannst noch weiter nach rechts. Paß auf, ein Huhn!«

Fahrer: »Wo?«

Beifahrerin: »Du bist schon vorbei, es ist gerade noch weggesprungen.«

Ja, das waren noch gemütliche Zeiten, als man mit so schlechten Augen Auto fahren konnte. Im großen und ganzen hatte mein Vater wenig Pannen, obwohl damals noch zahlreiche Hufnägel auf der Straße lagen. Eine Ausnahme

machten die Fahrten nach Isny, in die Heimatstadt meiner Mutter. Ausgerechnet hier hatte der Motor jedesmal irgendwelche Mucken, wo doch meiner Mutter so viel daran lag, ihre einstigen Mitbürger zu beeindrucken. Sie empfand es dann auch als eine persönliche Niederlage, wenn zwei Rösser vor den Wagen gespannt werden mußten, um das Auto nach Kempten zu ziehen. Eines Tages stellte sich die Ursache der vielen Motorpannen in Isny heraus. Ein ehemaliger Kutscher meines Vaters, der in Isny beschäftigt war, wurde beobachtet, wie er sich an meines Vaters Wagen zu schaffen machte. Er benutzte die Gelegenheit, den Motor zu verstellen, um sich dann an der Verzweiflung seines ehemaligen Brotgebers zu amüsieren.
Die schönste Reise machten wir Kinder, wenn uns unsere Großmutter im Zug nach Isny mitnahm. Zwar lebte unsere Großmutter (mütterlicherseits) bei uns in Kempten, aber sie hatte ihre Wohnung in Isny behalten, so daß wir hier ein wunderschönes Ferienquartier hatten. Es gehörte zum Ritual, daß am Tag nach unserer Ankunft ein Schreiner kam, der aus einigen Gestellen, Latten und Segeltuchplanen auf der Altane ein Gartenhäuschen aufbaute. Eine Zinkbadewanne mit Wasser gefüllt, das sich in der Sonne herrlich erwärmte und zum Baden einlud, machte den Kinderhimmel vollständig. In dem luftigen Häuschen nahmen wir bei gutem Wetter sämtliche Mahlzeiten ein. Wir machten viele Spaziergänge in die Umgebung und suchten dabei in den Wäldern und Mooren rund um Isny Pilze und Beeren, die unseren Speisezettel bereicherten. Wir bildeten mit unserer Großmutter eine richtige kleine Familie, und dies war für uns ein merkwürdiges Gefühl nach dem doch reichlich unpersönlichen Hotelbetrieb, wo sich niemand so richtig

um uns kümmerte. Wenn ich morgens zum Bäcker geschickt wurde, um einen Schildwecken zu holen, oder in der Molkerei ein halbes Pfund Butter besorgen mußte, war das für mich ebenso neu wie die Tatsache, daß das Frühstück nur für uns zubereitet wurde und wir es gemeinsam verzehrten.

Am besten gefiel es mir in Isny in der Gärtnerei vom Onkel Götzger. Das war eine richtige schwäbische Verwandtschaft, die ging um sechs Ecken herum, aber um so enger war die innere Verwandtschaft, besonders was die Freude an der Natur betraf. Hier hatte ich vollkommene Narrenfreiheit bei meinen sogenannten gärtnerischen Betätigungen, und der Schaden, den ich anrichtete, überstieg den Nutzen um ein Mehrfaches. Als meine Großmutter eines Morgens ins Krankenhaus gefahren werden mußte, ging ich in meiner Not gleich zu Götzgers und wurde dort liebreich versorgt, bis die Großmutter wieder gesund war. Dabei hatte ich ein überraschendes Erlebnis. Als ich mich einmal nach dem Mittagessen noch in der Küche herumtrieb, während alle anderen in der Gärtnerei waren, stellte das anscheinend ebenso rationell denkende wie sparsame Hausmädchen sämtliche gebrauchten Teller und Schüsseln auf den Boden, damit der Hund Ami sie auslecken konnte, was er auch mit großer Gründlichkeit besorgte. So, erklärte sie mir, fing sie gleich drei Fliegen mit einer Klappe. Der Hund würde satt, das Spülwasser bliebe sauber und sie hätte weniger Arbeit. Sie schien jedoch nicht ganz davon überzeugt gewesen zu sein, daß ihre Methode die rückhaltlose Billigung ihrer Dienstherrschaft finden würde, denn ich mußte strengstes Stillschweigen geloben.

In dieser Gärtnerei wurde ich auch in meinem Wunsch bestärkt, Gärtner zu werden. Eigentlich fühlte ich mich zum Naturwissenschaftler berufen, aber der Gedanke an die vielen Studienjahre ließen mich diesen Plan schnell wieder aufgeben.

Vetter Adolar oder der geschundene Primus

So waren die Ferien in Isny ein reines Glück, aber in einem Sommer wurde meine Großmutter vor den Ferien krank. Ich durfte sie zwar jeden Tag im Krankenhaus besuchen, was ich besonders gerne tat, weil sie mir ihren Nachtisch aufhob, aber aus der Fahrt nach Isny wurde nichts. Da kamen meine Eltern auf die umwerfende Idee, meinen Vetter Adolar einzuladen. Er sollte mir nicht nur ein guter Ferienkamerad sein, sondern auch seinen veredelnden Einfluß auf mich ausüben. Er war nämlich nicht nur chronischer Klassenprimus, sondern kam ständig wie aus dem Ei gepellt daher. Dies jedenfalls wurde mir erklärt. Die Erklärung war eindeutig und das beste Mittel, mir den Besuch dieses »streberischen Zieraffen«, wie ich ihn gegenüber meinem Busenfreund Philipp nannte, zu vermiesen. Dazu kam, daß er meinem Vater, als ihn meine Eltern von der Bahn abholten, sein einserstrotzendes Zeugnis überreichte, das mein Vater vor uns allen sofort entfaltete und vorlas:
»Betragen – mustergültig!«
Zwischenruf meiner Mutter: »Siehscht!«
Weiter: »Fleiß – vorzüglich, unermüdlich!«
Zwischenruf: »Hörscht!«

Weiter: »Mitarbeit – beispielhaft!«
Zwischenruf: »Und was hascht du?«
Man stelle sich das schadenfrohe Grinsen meines Vetters vor, dem meine Situation bekannt war, und man wird meine Gefühle ermessen können.
Zwischen Adolar und mir tat sich damit eine Kluft auf, die mindestens bis zum Erdmittelpunkt reichte, und ich schwor mir, mich blutig zu rächen. Der Zeitpunkt kam bald. Adolar, dem Einfluß seiner ehrgeizigen Eltern entzogen, wollte bei uns zu gerne das freie und unbeschwerte Leben eines waschechten Lausbuben führen. Er vertraute deshalb meiner Mutter den Wunsch an, doch auch einmal, nur ein einziges Mal, ein so herrliches Kleidungsstück wie meine kurze Lederhose tragen zu dürfen. Meine Mutter erteilte mir den strikten Befehl, diesen Wunsch Adolars zu erfüllen. Da ich einsah, daß eine Weigerung völlig hoffnungslos war und von meinem Busenfreund Philipp in dieser Auffassung bestärkt wurde, beratschlagten wir, was zu machen wäre. Plötzlich kam uns die Erleuchtung. Wir weichten die Lederhose in Wasser ein und legten sie dann auf den Dampfradiator der Trockenkammer. Dadurch wurde sie bockelhart. Gleichzeitig erklärte ich mich bereit, am nächsten Tag Adolar nicht nur die Hose zu leihen, sondern mit ihm auch eine Tagestour auf den Blender zu machen. Eigentlich hätte meiner Mutter so viel Freundlichkeit und Entgegenkommen verdächtig erscheinen müssen, aber sie war nur gerührt und sagte zu meinem Vater: »Siehscht, unser Albert hat doch einen guten Kern.« Sie machte die Vesperbrote und überreichte sie Adolar mit den Worten: »Laßt euch alles recht gut schmecken, ich habe euch noch etwas Besonderes hineingetan, teil es mit dem Albert.«

So zogen wir dann fürbaß. Adolar in der Lederhose, ich in einem kurzen Leinenhösle. Bis auf den Mariaberg ging es ganz gut. Unterwegs zeigte ich dem Adolar ein paar Quellfassungen von Bauernhöfen. Dann fingen wir mehrere Molche, schraubten das Sieb an der Leitung eines Bauernhauses ab, stopften die Molche in die Leitung und freuten uns an der Vorstellung, wie die Bäuerinnen schauen würden, wenn die Molche aus der Leitung in den Brunnentrog purzelten. Adolar wurde mir direkt sympathisch, als er begeistert mitmachte und mich rückhaltlos als Mentor anerkannte. Da dachte ich, daß man den Adolar vielleicht doch noch zu einem richtigen Menschen machen könnte. Er tat mir fast leid, aber dann erinnerte ich mich wieder an das Primuszeugnis und schritt weiter.

Über den Mariaberg ging es noch ziemlich gut, aber auf dem Abstieg zum Herrenwiesenweiher spreizte er die Beine schon ganz beachtlich. Der Fuchsbau, den ich ihm zeigte, erregte nur noch sein mäßiges Interesse. Als ich ihn auf die Bleßhühner und Wildenten auf dem Herrenwiesenweiher aufmerksam machte und ihn aufforderte, mit mir Steine zu schmeißen, damit sie aufflogen, reagierte er kaum mehr. Ich deutete auf den Blender und sagte: »In einer Stunde sind wir oben und beim Rückweg weiß ich eine Abkürzung.« Adolar spreizte seine Beine immer mehr, und ich erbot mich, die Vesperbrote zu tragen. Als wir dann nach zwei statt nach einer Stunde auf dem Blender ankamen, fragte ich ganz harmlos: »Adolar, was machst du für eine Krattl?« worauf er aufstöhnte: »Ah, mein Wolf!« Ich riet ihm, Puder darauf zu streuen, und er solle ihn nur aus dem Stilett-täschchen nehmen. Und wirklich, in der Seitentasche der Lederhose fand sich ein Röhrchen mit Vasenol-Kinderpuder. Adolar sah mich dankbar an und verschwand hinter einem Busch, denn er war g'schamig. Plötzlich ertönte ein furchtbarer Schrei, und ich glaube gar, es war versehentlich Pfeffer in den Puder gekommen. Jedenfalls traten wir den Heimweg getrennt an, aber das Vesperpaket hatte ich.

Eine der unangenehmsten und von mir meistgehaßten Eigenschaften meines Vetters war, daß er alles meiner Mutter verklatschte. Ich beschloß deshalb wieder eine Strafexpedition. Mit scheinbarer Freundlichkeit schlug ich ihm einen Ausflug vor. Adolar war gleich bereit mitzukommen. Wir gingen an der Rottach entlang und kamen an einen überhängenden Nagelfluhfelsen, der eineinhalb Meter über einen Gumpen hing. Als Adolar in das Wasser hinunterschaute, reizte es mich natürlich, ihm einen Schubs zu geben. Aber das wäre falsch gewesen, denn dann hätte ich ihn ja gleich verprügeln können. Es mußte mir etwas Besseres einfallen. Ich hatte dann auch bald den glücklichen Gedanken. Wir hörten, als wir die Wanderung fortsetzten, ein komisches Klicken, und auf Adolars Frage erklärte ich ihm, daß das von einem Widder komme. Höhnisch fragte er, was ein Schafbock im Wald zu suchen hätte. Ich machte ihn darauf aufmerksam, daß dieser Widder kein Tier, sondern ein Apparat wäre, mit dem man Wasser zu höher gelegenen Höfen hinaufdrückt. Inzwischen waren wir bei dem Widder angekommen und sahen, wie bei jedem Klicken Wasser herausspritzte. Adolar staunte, und ich schloß meine Ausführungen mit den Worten: »Und wenn man da draufdrückt, stellt man den Widder ab und auf dem Hof läuft kein Wasser mehr.« Adolar drückte drauf, und prompt hörte das Klicken auf. Er war entzückt, und ich sagte: »Jetzt müssen wir abhauen, bevor der Bauer kommt.« Auf meinen

Rat trennten wir uns, und ich empfahl ihm, den Berg hinaufzulaufen. Ich lief nicht weit, sondern harrte der Dinge, und schon bald ertönte ein Wehgeschrei sowie eine Männerstimme: »Dir will i lehra, an Widder ab'schtella.« Ein mehrmaliges klatschendes Geräusch war Musik in meinen Ohren. Seitdem weiß Adolar, daß man nach dem Abstellen eines Widders den Berg hinunter- und nicht hinauflaufen muß.

Bis zum Schluß der Ferien war die Freundschaft zwischen Adolar und mir getrübt, und ich konnte ihn zu keinem Ausflug mehr überreden.

Ich hätte auch kaum mehr Zeit dazu gehabt, denn meine Hasen hatten Junge, desgleichen die weißen Mäuse. Außerdem pflegte ich zwei junge Marder, die mich vollständig in Anspruch nahmen. In ihren Besitz war ich auf merkwürdige Weise gekommen. Ein Gast auf Nummer 23 hörte nachts Tritte auf dem Blechdach vor seinem Fenster. In der nächsten Nacht hörte er sie wieder, und er sah ein Tier über das Dach schleichen. Darauf wurde der Stadtjäger verständigt. Er legte sich auf die Lauer und schoß das Tier ab. Es war ein Marder mit etwas Milch in den Zitzen. Philipp und ich hatten herausgefunden, daß das Tier gesäugt hatte. Aber wir sagten dem Jäger nichts, weil wir hofften, daß wir die Jungen, die von ihrer Mutter nun nicht mehr gefüttert werden konnten, finden und fangen könnten. Wir stellten eine alte Rattenfalle auf und beköderten sie mit einem Ei. Nach drei Nächten hatten wir die beiden jungen Marder gefangen; wir brachten sie in einer Bierkiste provisorisch unter, bis wir aus einem alten Eisschrank, dessen Türen wir durch Gitter ersetzten, einen ausbruchsicheren Tierkäfig gebaut hatten. Am liebsten hätte ich meine Menagerie um eine Geiß oder noch lieber um ein Pony erweitert, aber das lehnte mein Vater rundweg ab.

So legte ich statt dessen einen Garten auf der Stallaltane an. Der Stall stand von den anderen Gebäuden isoliert im Hof und hatte ein flaches Dach. Dieses Dach war mit einer bekiesten Bitumenschicht gedeckt, darauf brachte ich etwa 20 cm Erde. In einer Ecke installierte ich einen alten Waschkessel als Seerosenteich, allerdings währte die Freude mit den Seerosen nur einen Sommer lang, denn im folgenden Winter gefror das Wasser und sprengte den Kessel, und die Seerosen erfroren. Erst später erkannte ich, daß die Seerosen in unseren Weihern nur dann überwintern, wenn sie tief genug wachsen, um mit den Wurzeln im frostfreien Raum zu sein. Wenn ich zurückdenke, bewundere ich die Langmut meines Vaters, denn mein gärtnerisches Hobby kostete ihn viel Geld, da ich beim Umgraben meiner Beete des öfteren die Bitumendecke durchstieß, so daß das Dach repariert werden mußte. Diese Stallaltane wurde immer mehr zu meinem Reich, nachdem ich auch meine Kaninchen hinaufgebracht hatte. Mit der Zeit betrieb ich einen schwunghaften Hasenhandel und versuchte es immer wieder mit neuen Rassen.

Soweit diese Hasenzucht sich nicht selbst finanzierte, verdiente ich Geld mit Knochenverkaufen. In der Hotelküche fielen nämlich ziemliche Mengen schöner Markknochen ab, und ich brachte sie alle acht bis zehn Wochen in die Burggasse zu einem Beindrechsler, der aus Knochen Kragenknöpfe und andere nützliche Dinge drechselte. Mein Knochenverkaufsmonopol war allerdings durch meine Schwester gefährdet. Sie sah, daß es sich um ein lukratives Geschäft handelte und wollte natürlich daran partizipieren.

Ihre Forderung wurde von meinen Eltern auch bejaht. Es blieb mir also nichts anderes übrig, als zuzustimmen, allerdings unter der Bedingung, daß sich meine Schwester am Transport der Knochen beteiligt. Da meine Schwester die Höhere Töchterschule besuchte, richtete ich es so ein, daß wir bei unserer ersten gemeinsamen Tour erst losfuhren, als die Knochen schon richtig zu riechen begannen. Außerdem wählte ich Zeit und Route gerade so, daß wir zu Beginn des Unterrichts an der Höheren Töchterschule vorbeikamen. Selbstverständlich fuhr ich auf dem Bürgersteig mit meiner stinkenden Fuhre und forderte meine Schwester auf, kräftig zu schieben. Wir waren keine hundert Meter vom Schultor entfernt, als meine Schwester mir die Partnerschaft aufkündigte, und somit war mein Monopol gerettet.
Der größte Teil der Allgäuer Bevölkerung lebte in meiner Kindheit noch auf dem Lande. Das Allgäu hatte gerade eine große Umwälzung, heute würde man sagen Strukturveränderung, hinter sich. Vor der Jahrhundertwende war nicht die Milchwirtschaft die Haupteinnahmequelle, sondern es herrschte der Getreide- und Flachsanbau vor, und man sprach nicht vom »grünen«, sondern vom »blauen Allgäu« wegen der Leinblüte.

Mit der Einführung der Milchwirtschaft wurde auch der Arbeitsrhythmus der ländlichen Bevölkerung stark verändert. Durch den langen und harten Winter im Allgäu konnte das Vieh nur sechs bis sieben Monate im Jahr auf der Weide ernährt werden. In der übrigen Zeit mußte es mit Heu bzw. Krummet (zweiter und dritter Schnitt) gefüttert werden. Dadurch wurde die Heu- und Krummeternte die arbeitsintensivste Zeit des Jahres. Daneben war die Stallarbeit mit dem morgendlichen und abendlichen Melken not-

1 *Der Wunsch meiner Eltern, doch von mir selten erfüllt: ein ordentliches und sauberes Kind*

2 *Der Speisesaal des elterlichen Hotels zur Post: für uns Kinder tabu*

wendig. Der Tag begann deshalb um vier Uhr und noch spät in der Nacht hörte man den Klang der Dengelhämmer. Da alles Handarbeit war, mußten auch die nötigen Arbeitskräfte vorhanden sein. So hatte ein Hof mit zirka 60 bis 70 Tagwerk (20 bis 23 ha) fünf bis sechs Dienstboten. Ein Hof in dieser Größe muß heute mit einem Knecht auskommen, da sonst die Grenze der Rentabilität überschritten ist.

»Gründlich verdroschen« und andere traurige Erfahrungen

Inzwischen war der Erste Weltkrieg ausgebrochen, alles war voll jubelnder Begeisterung, und wir Buben waren todunglücklich, daß so etwas passieren konnte, bevor wir alt genug waren, um mitzumachen. Jedermann glaubte, der Krieg wäre spätestens bis Jahresschluß beendet, und viele befürchteten, zu spät zu kommen. In den zuständigen Ämtern wimmelte es deshalb von jungen Männern, die sich freiwillig meldeten. Die Straßen waren dicht gesäumt von Zuschauern, wenn ein Bataillon zum Bahnhof zog, um zur Front zu fahren. Den Soldaten wurde zugejubelt und Liebesgaben und Blumen zugeworfen. Später säumten die Zuschauer die Straßen, um die langen Züge der Verwundeten zu sehen. Da waren die Gesichter ernster. Ganz ernst wurden sie, als der Stellungskrieg begann und die Lebensmittel rationiert werden mußten.
Auch im Hotel gab es einschneidende Veränderungen. Der Chauffeur wurde samt dem Auto sofort eingezogen. Für

den jungen, schneidigen Vizehausmeister Eugen, der gleichfalls eingezogen wurde, konnte man mit Mühe einen älteren Mann auftreiben, der das Gepäck der Reisenden mit einem Handwagen beförderte. Der Oberkellner, der sich freiwillig gemeldet hatte, wurde durch einen älteren Ober und später durch eine Kellnerin ersetzt. Von dem weiblichen Personal mußten vier Bauerntöchter nach Hause, um anstelle ihrer eingezogenen Brüder auf dem Bauernhof zu helfen. Eines unserer Zimmermädchen ging in eine Munitionsfabrik, die mit hohen Löhnen und später mit Sonderrationen überall die Arbeitskräfte abwarb. So war das Hotel innerhalb weniger Wochen des größten Teils seiner besten Arbeitskräfte beraubt.
Es blieb meiner Mutter und Großmutter nichts anderes übrig, als morgens die Gastzimmer zu richten und die Hotelküche zu besorgen. Soweit wir Kinder nicht in der Schule waren, mußten wir helfen. Meine Aufgabe war es, die Wasserkrüge und Wasserflaschen zu füllen und die Toiletteneimer zu leeren. Da Mutter und Großmutter nicht mehr aus der Arbeitskleidung herauskamen, wurde ein Stübchen neben der Küche ausgebaut, wo wir unsere Mahlzeiten einnahmen. Ich erinnere mich, wie ich eines Morgens meine Mutter in Tränen aufgelöst antraf, als sie den Speisesaal auskehrte, weil um sechs Uhr morgens die letzten zwei Dienstmädchen das Haus verlassen hatten.
Auch in der Schule machte sich der Krieg bemerkbar. Unser Schulhaus – ich besuchte damals die dritte Klasse der evangelischen Volksschule – wurde als Lazarett beschlagnahmt, und wir wurden in einem Schlafsaal des Waisenhauses unterrichtet. Da wir mit 40 Schülern eine sehr starke Klasse waren, saßen wir in dem kleinen Raum wie die Heringe auf-

einander. Aber gerade das gefiel uns, denn man blieb viel besser unentdeckt, wenn man Unfug trieb. Ich hatte mich zu einem ziemlichen Raufbold entwickelt. Das sehr zum Schmerz meines Vaters, denn ihn erreichten immer nur unerfreuliche Botschaften. Die peinlichste Überraschung erlebte mein Vater, als ihm einmal beim Abendschoppen mein Klassenlehrer erklärte: »Heut habe ich mich über Ihren Albert einmal richtig gefreut.« Das war Musik in den Ohren meines Vaters, denn bis zu diesem Zeitpunkt hatte ihm noch kein Lehrer erklärt, daß er Freude über mich empfunden habe. Geschmeichelt und entzückt erkundigte sich mein Vater, was ich Lobenswertes getan hätte. Worauf er die Antwort bekam: »Gar nichts, im Gegenteil, die anderen Schüler sind endlich einmal zusammengestanden und haben den Lausbub gründlich verdroschen.« Ich selbst war über meinen schlechten Ruf eigentlich recht unglücklich, und ich habe mir nachts im Bett gar oft vorgenommen, von morgen ab fleißig, brav und aufmerksam zu sein. Leider ist nie etwas daraus geworden! Im übrigen hatte ich diese Anwandlungen meist, bevor es Zeugnisse gab oder wenn sonst etwas Unangenehmes in der Luft lag. Inzwischen machte ich die Aufnahmeprüfung in die Realschule. Der Unterricht war auch dort nicht allzu fröhlich, da die jüngeren Lehrer im Felde standen und die älteren Semester dadurch überlastet und entsprechend gereizt waren. Auch die Knappheit an Textilien wurde immer fühlbarer, besonders bei uns Kindern, die wir im Handumdrehen aus den Kleidern und Schuhen hinauswuchsen.
So erinnere ich mich noch an einen Schulkameraden, dessen Mutter – der Vater war im Felde – sich nicht mehr anders zu helfen wußte, als ihm die Schuhe seiner größeren

Schwester zu geben, bis seine eigenen wieder vom Schuhmacher kamen. Nun legte diese Schwester Wert auf Eleganz und höhere Absätze, was sich auch bei diesen Schuhen nicht verbergen ließ. Zu allem Unglück mußte der arme Kerl in der Deutschstunde ein Gedicht aufsagen. Das war von dem Deutschlehrer als Ehre für ihn und Vorbild für uns gedacht. Als er jedoch draußen vor der Tafel stand und die ganze Klasse höhnisch grinsend auf die Damenschuhe starrte, verlor der Vortragskünstler allen Schwung und beim zweiten Vers brach er in Tränen aus. Der Lehrer verpaßte uns eine Stunde Klassenarrest »wegen unkameradschaftlichem Verhalten«. Heute würde man sagen »wegen seelischer Rohheit«.

Aber man mag es nennen wie man will, die Ironie des Schicksals wollte es, daß das arme Opfer den Arrest mit absitzen mußte, weil es ein Klassenarrest war.

Dieser Klassenkamerad vertraute mir eines Tages an, daß er immer Hunger hätte, da seine Mutter mit dem bescheidenen Sold als Soldatenfrau die Kinder nicht richtig ernähren konnte. Deshalb brachte ich ihm ein paar Tage später ein paar Knödel mit, die ich, um zu Hause nicht aufzufallen, einfach in die Jackentasche gesteckt hatte. Er verzehrte sie mit großem Appetit. Ich freilich bemerkte erst jetzt, daß sich die Soße, in der die Knödel ursprünglich gelegen waren, mit der Jacke – allerdings nicht zu deren Vorteil – vereinigt hatte. Diese gute Tat brachte mir drei Jahrzehnte später tausendfachen Zins. Im Februar 1948, also vor der Währungsreform, machten wir einen Skiurlaub in Hindelang. Als wir durch Kempten kamen, besuchten wir diesen Schulkameraden. Er erzählte, daß er die Käsegroßhandlung seines Schwiegervaters übernommen hatte. Plötzlich erinnerte er

sich der Geschichte mit den Knödeln und bot mir an, mit in sein Lager zu kommen, wo er mir ein riesiges Stück Schweizerkäse herunterschnitt. Dieser Käse rettete dann auch den ganzen Urlaub, denn mit den Stammgerichten allein wäre es eine traurige Angelegenheit geworden.
Der Personalmangel wirkte sich auch auf unsere Ferien aus. Unsere Großmutter wurde so dringend im Hotel benötigt, daß wir nicht mehr in den Ferien nach Isny fahren konnten. Deshalb schickte man uns in den Ferien zum Bruder meiner Mutter und seiner Frau, zu Onkel Fritz und Tante Alwine. Der Hintergedanke dabei war, daß ich bei dieser Gelegenheit gute Manieren und gewandtes Auftreten lernen würde. Denn besagter Onkel war Teilhaber einer Weltfirma, und die Tante besaß das entsprechende Selbstbewußtsein. Leider gingen diese Hoffnungen absolut nicht in Erfüllung. Im Gegenteil. So hatte meine Tante einmal eine Krawatte für mich fabriziert, die so auffällig war, daß ich im Geiste schon die feixenden Gesichter meiner Klassenkameraden sah, wenn ich mit diesem Schmuckstück das Klassenzimmer betrat. Ich konnte mir deshalb beim Empfang der huldvoll gereichten Gabe nur ein »recht nett« abringen. Worauf die Tante zornblitzend fauchte: »Recht nett, recht nett? Die ist sogar sehr schön!«
In den ersten Sommerferien während des Krieges besuchten wir den Onkel auf dem Heuberg, wo er den Truppenübungsplatz in Stetten am kalten Markt baute. In späteren Jahren errichtete er ein Chemiewerk in Neckarzimmern und wohnte in Gundelsheim in einer ehemaligen Ziegelei und Kalkbrennerei. Mein Onkel war ein großer Tierfreund und wählte diesen Gebäudekomplex wegen der großen Stallungen und des großen geschlossenen Hofraumes,

denn hier konnte er seinen Geflügel- und Pferdeliebhabereien nach Herzenslust frönen. Auch ich war hell begeistert, besonders von dem Steinbruch, der sich hinter dem Hof befand. Da der Kalkofen nicht mehr in Betrieb und deshalb auch der Steinbruch stillgelegt war, hatte ich in diesem total zugewachsenen Gebiet ein herrliches Dorado. Hier hatte ich dank meiner üppigen Phantasie die wunderbarsten Dschungelerlebnisse. Am meisten zog mich die rechte hintere Ecke an. Hier stürzte ein Wasserstrahl eine etwa 20 m hohe Felswand hinunter. Das Wasser kam aus einem Brunnentrog, den eine höher gelegene Quelle speiste. In diesem Trog wusch eines Tages ein Weinbauer seinen Spritzbutten aus, mit dem er Uraniagrün gespritzt hatte, während ich unter dem Wasserstrahl spielte. Man stelle sich das Entsetzen meiner Tante vor, als ich grün wie eine Wasserleiche mit ebenso grünem Anzügle beim Abendessen aufkreuzte. Ich hatte in meiner Begeisterung für die herrlichen Wasserbauten gar nichts von meiner Farbänderung gemerkt. Überhaupt konnte ich mich so intensiv in eine Sache versenken, daß ich meine Umwelt völlig vergaß. Eine Eigenschaft, die mich auch heute noch in Schwierigkeiten bringt.

Der Krieg ging weiter und je länger er dauerte, um so sorgenvoller wurden die Menschen und um so älter unsere Lehrer, denn fast alle Männer unter 45 Jahren waren eingezogen. Einer von ihnen war als verbitterter Krüppel zurückgekommen und konnte sich nicht mehr zurechtfinden. Auch im Hotel wurde die Lage immer schwieriger. Die Gäste verlangten ausreichendes Essen, was mit den Lebensmittelkarten nicht abgedeckt werden konnte. So waren meine Eltern wie jeder andere Gastwirt gezwungen, Lebensmittel auf nicht ganz einwandfreien Wegen zu beschaffen, nur um die Gäste zufriedenzustellen. Auch ich wurde oft mit einem Rucksäckle zu einem befreundeten Metzger geschickt, da Kinder im allgemeinen von den Kontrolleuren weniger angehalten wurden. Nicht nur wegen der Kontrollen überließ man oft den Kindern das Hamstern, sondern auch deshalb, weil mitleidige Bauersfrauen einem Kind eher noch ein paar Eier oder eine Flasche Milch verkauften als den Erwachsenen. Bei den Erwachsenen waren die Bauern außerdem nicht sicher, ob es sich nicht um Spitzel handelte, denn für die schwarzen Geschäfte erwarteten sie hohe Strafen. Das Spitzelwesen war damals stark ausgebaut, und Mißgunst führte zu vielen Anzeigen und Verdächtigungen. So waren auch Küche und Keller unseres Hotels mancher Überprüfung ausgesetzt. Daß diese stets erfolglos blieben, war nicht zuletzt der außerordentlichen Vorsicht meiner Eltern zu danken, denn auf die wenigsten Mitarbeiter konnte man sich damals noch verlassen. Die lange Kriegsdauer und der Hunger untergruben allmählich jede Loyalität. Dabei lebte man im Allgäu noch auf einer glücklichen Insel im Vergleich zu den Großstädten oder den Industriezentren. Dort waren zu viele Menschen, als daß mitleidige Bauersfrauen ausreichend helfen konnten.

So hoffte nach 1918, nach der Revolution und dem Friedensschluß, alles auf eine gründliche Besserung. Davon spürte man allerdings vorerst wenig. Wenn ich heute versuche, mich an die Ereignisse von damals zu erinnern, erscheinen sie mir verschwommen, weil uns Kindern die politischen Vorgänge absolut unklar waren. In der Schule wurde von der Tagespolitik überhaupt nicht gesprochen. Statt dessen wurde uns die Politik der Römer, Griechen und anderer Völker bis ins kleinste auseinandergesetzt. Zu Hause wurde man höchstens mit einem »das verstehst du nicht« abgespeist. Im Frühjahr 1919 kam das Freikorps Ritter von Epp nach Kempten, und wir sahen denn auch, wie Männer mit erhobenen Händen auf Lastwagen transportiert wurden. Der Kommandostab nahm in unserem Haus Quartier, und ich war stolz, daß Wachen vor dem Hause standen. Daß diese Wachen von uns keinerlei Notiz nahmen und uns ungestört ein- und ausgehen ließen, fanden wir schockierend. Den kleinen Nervenkitzel einer Verhaftung oder mindestens einer Leibesvisitation hätten wir wenigstens erwartet. Sie hätten uns ja nicht gleich erschießen brauchen, obwohl wir das auch schon ins Kalkül gezogen hatten. Als ich dann in Lindau in den Ferien bei meinem Onkel Fritz war – er war von Gundelsheim nach Lindau übergesiedelt –, erlebte ich die Ankunft eines Güterzuges mit Waffen und Munition, die an die wehrfähigen Männer ausgegeben wurden. Den Soldatenräten sollte damit ein Ende bereitet werden. Hocherfreut versuchte ich, mit meinen beinahe 14 Jahren zu den Waffen zu eilen. Ich erregte allerdings nur mitleidiges Gelächter und wurde nach Hause geschickt. Als ich meine Entrüstung darüber meinem Onkel mitteilte, hatte er volles Verständnis. Leider aber nicht für mich, sondern für die, die mich nach Hause geschickt hatten. So wurde ich an Heldentaten gehindert, die ich verüben wollte, obwohl ich keine Ahnung hatte, worum es bei den politischen Auseinandersetzungen ging.

In dieser Zeit war eine große Veränderung in meinem Leben durch den Verkauf des Hotels eingetreten. Aus gesundheitlichen Gründen wollten sich meine Eltern zur Ruhe setzen. Da meine Mutter den Bodensee sehr liebte, planten sie den Kauf einer Villa bei Lindau. Bis das geeignete Objekt gefunden war, zogen meine Eltern nach Isny. Der Umzug fand im Frühjahr statt, und ich wurde bis zum Ende des Schuljahres bei einer befreundeten Dame in Kempten untergebracht.

Dies waren Monate, in denen ich mich sehr glücklich fühlte. Das Mittagessen holte ich im Gasthaus »Stadt Hamburg« in einem Geschirr mit vier Einsätzen. Mit Vergnügen erinnere ich mich daran, wie dieses Essen von der alten Dame mit großem Interesse begutachtet und entsprechend kommentiert wurde. Die Dame hatte eine hübsche kleine Bibliothek, in der ich nach Herzenslust schmökern konnte, was ich reichlich ausnutzte. Mit so leichter Hand veranlaßte sie mich, meine Schularbeiten zu erledigen, daß mir dies plötzlich Spaß machte und ich am Ende des Schuljahrs ein erstaunlich gutes Abgangszeugnis erhielt. Meine Kaninchen durfte ich in dieser Zeit noch auf der sogenannten Stallaltane des Hotels halten. Zum Glück kümmerten sich auch zwei Nachbarskinder um sie, sonst hätten die armen Tiere manchmal hungern müssen, da ich eine Viertelstunde entfernt wohnte. Als meine Umsiedlung nach Isny kam, baute ich eine Transportkiste für meine Kaninchen und brachte mit Hilfe eines Freundes mein Hab und Gut zum Bahnhof. Die Koffer wurden aufgegeben, die Transportkisten mit den Kaninchen nahm ich mit ins Abteil. Da der Zug damals zwischen Kempten und Isny an sechzehn Stationen einen ausgiebigen Halt machte, damit Milchkannen, Haustiere und andere landwirtschaftlichen Produkte ein- und ausgeladen werden konnten, dauerte die Reise auf dieser Strecke von 40 km zwei bis zweieinhalb Stunden. Nun kann man einem Dutzend Kaninchen nicht zumuten, mehrere

Stunden absolut dicht zu halten, und die Saugfähigkeit der Strohunterlage hatte auch ihre Grenzen. Die Tiere waren, bis der Zug abfuhr, schon zwei Stunden in ihrer Kiste eingesperrt und hatten schon einen Teil des mitgeführten Wassers getrunken. Solange nun der Zug in der Ebene des Iller- oder Rottachtales fuhr, ging alles noch gut, aber hinter Ermengerst kam der steile Anstieg nach Buchenberg, und aus dem Abteilboden wurde eine schiefe Ebene. Zu allem Unglück hatte ich meine Kaninchen an der Stirnseite des Wagens unter der vordersten Sitzbank plaziert. Deshalb lief die von den Hasen reichlich gespendete Flüssigkeit nach hinten. Auch das ging noch einigermaßen gut, solange die Bahnlinie eine große Linkskurve machte, denn ich hatte die Kiste auf der linken Seite abgestellt. Aber schon bei der ersten Rechtskurve neigte sich der Wagen stark nach rechts, und eine feuchte Spur lief diagonal durch den Wagen. Zum Glück waren alle Fahrgäste Einheimische, die für den Vorgang volles Verständnis hatten. Zum Eklat kam es erst, als der Schaffner auf die feuchten Spuren aufmerksam wurde, mit dem Zeigefinger hineinlangte, daran roch und mit den Worten »ja was für eine Sau hat denn . . .« einen häßlichen Verdacht aussprach. Um diesen Verdacht zu entkräften, mußte wohl oder übel die Ursache der Befeuchtung erklärt werden. Ich wurde daraufhin über die Beförderungsbedingungen aufgeklärt und darauf hingewiesen, daß Tiere jeder Art nur im Viehwagen befördert werden dürfen. Da dies aber mit Kosten verbunden war und ich auf meine Mittellosigkeit hinwies, hatte der Schaffner ein Einsehen. Ich durfte die Kiste auf der hinteren Plattform abstellen, wo die Kaninchen dann auch die Fahrt wohlbehalten überstanden haben.

In Isny angekommen, erwarteten mich zuerst einmal die großen Ferien. Ich benützte sie in erster Linie dazu, die Umgebung gründlich zu erforschen. Bald danach kannte ich mich in sämtlichen Seen und Tümpeln der Umgebung, was ihre Flora und Fauna betraf, bestens aus. Ich wußte, in welchen Bächen es die schönsten Krebse gab, und von einem neuen Freund lernte ich das Forellengreifen. Leider durfte ich die Fische nicht nach Hause bringen, und so konnte ich sie nur wieder in den Bach werfen, denn sie zu verschenken, war mir zu riskant.

»Patschnaß, hurra«

Damals wurde in Isny ein Schwimmclub gegründet, dessen Mitglieder sich mit dem Schwimmergruß »Patschnaß, hurra« begrüßten. Dieser nützliche Verein stellte Umkleideräume in Form von Blockhütten am Holzweiher auf. Allerdings waren die Hütten für Frauen und Mädchen etwa hundert Meter von denen für Männer und Knaben entfernt, aber im Wasser kam man zusammen. Ja beide Geschlechter wagten sich schon gemeinsam auf das in der Mitte des Sees verankerte Floß.
Um Geld in die Vereinskasse zu bringen, wurde ein Waldbadfest veranstaltet mit tollen Glanznummern, als deren einsame Spitze ein mit Ketten gefesselter Schwimmer vom Dreimeterturm in den See sprang. Aber der arme »Kettenwasserspring- und Schwimmkünstler« wurde um seine Schau schamlos betrogen. Und das kam so. Schon lange vor

Beginn der Veranstaltung hatte ein Vereinsmitglied, der »schöne Bogumil«, während wir anderen alle für das Gemeinwohl schufteten, in höchst selbstsüchtiger Weise seine Hängematte am schönsten Platz, dicht über dem Wasser an zwei überhängenden Bäumen befestigt. Während der Vorführungen räkelte er sich mit blasiertem Lächeln in luftiger Höhe und spendete herablassend verhaltenen Beifall. Das war entschieden mehr, als die feurigen Jünger des nassen Elements ertragen konnten. Auch das 16° kalte Wasser konnte die Zornesglut der empörten Patschnaß-hurra-Genossen nicht abkühlen oder gar löschen. Es mußte Fürchterliches geschehen. Und es geschah auch. Mein Schulkamerad Hans schlich mit gezücktem Messer auf die Hängematte des Bogumil zu. Man sah die Schneide des Messers in der Sonne funkeln, und alles blickte statt auf die kettenverschnürte Glanznummer auf den meuchlings heranschleichenden Messerhelden. Der einzige, der dem um seine Schau betrogenen Künstler zusah, war Bogumil. Da blitzte das Messer in Kopfhöhe hoch und ratsch war das haltende Seil durchgeschnitten. Es machte zweimal platsch, und Bogumil und der gefesselte Schwimmkünstler waren gleichzeitig im Holzweiher gelandet. Als sie wieder auftauchten, waren beide enttäuscht über das Hohngelächter, das jeder der beiden auf sich bezog. Es kostete die Festleitung einige Mühe, den Kettenkünstler zu beruhigen. Als er sich aber an dem ohnmächtigen Zorn Bogumils geweidet hatte – er mochte ihn auch nicht –, war er zu einem zweiten Sprung bereit, der ihm dann auch den ersehnten Beifall brachte.

Wie ungern meine Eltern meine Ausflüge in die nähere und weitere Umgebung unserer Wohnung sahen, habe ich schon erzählt. Aber hier in Isny hatte ich endlich einmal das Glück, daß mein Herumstreunen wenigstens von meiner Mutter gewürdigt wurde. So kurz nach dem Kriege saß allen noch die Not in den Knochen und die Hausfrauen huldigten der Vorratswirtschaft. Vor allen Dingen war im Sommer die Marmeladebereitung ganz großgeschrieben. Ganz oben an der Liste der Marmeladefrüchte stand die Waldhimbeere. In dem ländlichen Isny hielt es damals keine Bürgersfrau für unter ihrer Würde, mehrmals zur Himbeerzeit »in die Himbeeren« zu gehen. Voraussetzung war natürlich, daß man einen guten Himbeerschlag wußte. Das war gar nicht so einfach, denn gute Himbeerschläge waren ein streng gehütetes Familiengeheimnis, das auch der besten Kaffeeschwester nicht verraten wurde. Da ich die meisten meiner Ferientage im Wald verbrachte und dabei eine große Vorliebe für unwegsame Gegenden an den Tag legte, kam ich eines Tages in eine kleine Schlucht, die sich zu einem Tälchen weitete. Das ganze Tälchen war über und über mit Himbeersträuchern bedeckt, die infolge der hohen Luft- und Bodenfeuchtigkeit ungewöhnlich schöne Früchte trugen. Ich glaube, die alten Konquistadoren konnten bei der Entdeckung eines neuen Dorados nicht stolzer sein als ich bei der Führung meines Clans zu diesem Himbeerschlag. Wir formierten uns morgens um halb sechs zum Abmarsch. Voraus mein Vater und ich mit je zwei Wassereimern bewaffnet. In meinem Eimer lagen Milchkannen und Kommißkochgeschirre als Erntegefäße und die Marschverpflegung, während mein Vater Schürzen und andere Schutzkleidungsstücke in seinen Eimern hatte. Wir bildeten gewissermaßen die Vorhut, meine Mutter und Großmutter die Kerntruppe. Die Nachhut bestand aus meiner Schwester, die mißmutig hinterhertrottete und sich durch diese Aktion als höhere Tochter irgendwie erniedrigt vorkam. Die letzte Strecke vor dem Tälchen legten wir bangen Herzens zurück, weil wir fürchteten, daß uns vielleicht ein anderer Himbeersucher zuvorgekommen war. Aber wir hatten Glück, kein Konkurrent war in unser kleines Reich eingebrochen. Dank der ungewöhnlich großen Beeren füllten sich die Gefäße sehr rasch, und wir konnten schon am späten Nachmittag den Heimweg antreten. Jetzt änderte sich unsere Formation insofern, als mein Vater und ich den größten Eimer gemeinsam trugen und einen kleineren Eimer in der freien Hand hielten. Die restlichen zwei Eimer trugen die drei Frauen gemeinsam. Immerhin 60 bis 70 Pfund Himbeeren schleppten wir sieben Kilometer weit. Wir waren deshalb alle froh, als wir unsere duftende Last zu Hause hatten. In diesem einen Sommer stellte meine Mutter so viel Marmelade und Himbeersaft her, daß es, so oft ich wollte, meine Leibspeise, Milchreis mit Himbeersaft, zum Essen gab.

... für das Leben lernen wir

Als die Sommerferien vorüber waren, kam ich in die Realschule in Isny. Da in Württemberg das Schuljahr im Frühjahr endete, mußte ich den Stoff des Vierteljahres, das ich übersprungen hatte, nachholen. Das war nicht besonders schwierig, da in den großen Ferien viele Schüler doch sehr vieles vergessen hatten und deshalb das Pensum nochmals aufgefrischt werden mußte. In Isny lernte ich einen neuen Typ von Realschule kennen, der speziell in Württemberg verbreitet war. Die ganze Realschule bestand aus zwei Klassenzimmern. Der Unterricht wurde von einem Studienrat, der zugleich Schulvorstand war, und seinem Vertreter, einem Reallehrer, bestritten. Dazu kam noch ein Schneidermeister, der nebenamtlich als Pedell fungierte, und seine Frau, der die Reinigung der Räume oblag. In dem einen Schulzimmer waren die erste und die zweite Klasse untergebracht. In diesem Raum herrschte der Reallehrer. Das zweite Schulzimmer nahm die dritte, vierte und fünfte Klasse auf. Ihnen wurde die Weisheit von dem Studienrat eingetrichtert. Im Unterricht versuchten die Lehrer, in allen Fächern, in denen es möglich war, alle zwei oder drei Klassen zusammenzufassen. Nach der vierten oder fünften Klasse verließen die meisten Schüler die Schule und traten in eine Lehre ein. Höchstens einer besuchte die weiterführende Oberrealschule in Ravensburg, um die mittlere Reife oder das Abitur zu erlangen. Diese kleinen Realschulen gab es damals in Oberschwaben in vielen Städtchen. Sie waren für viele die einzige weiterführende Bildungschance, denn es war damals nicht diskutabel, für Klassen mit acht oder gar nur fünf Schülern eine eigene Studienratsstelle zu besetzen.

Bei meinem Eintritt in die Realschule in Isny machte ich die Entdeckung, daß ich mich in der Klasse erst einmal durchsetzen mußte. Dies war viel schwerer als beim Eintritt in die Realschule in Kempten. Die Gründe wurden mir erst später klar. Als ich in Kempten in die erste Klasse der Realschule kam, war allen Schülern alles gleichermaßen fremd, und wir schlossen uns schon aus einem gewissen Angstgefühl zu

einer Gemeinschaft zusammen, in der sich erst allmählich eine Rangordnung herausbildete. In Isny war diese Rangordnung der Schüler bereits festgelegt, und ich als Neuling mußte mir meinen Platz in dieser Gesellschaft erst erkämpfen, was um so schwieriger war, als sich durch das Zusammensein von drei Jahrgängen in einer Klasse die Rangordnung äußerst komplizierte. Mein Problem war, wie sich der Lausbub Schöchle seinen Platz zwischen den beiden größten Lausbuben dieser Schule sichern konnte.
Jeder der beiden Oberlausbuben hatte nämlich seine Streitmacht, deren einzelne Mitglieder durch den gewährten Schutz, Drohung und Schmeichelei an ihren Führer gebunden waren. Auch die Lage der elterlichen Wohnung spielte dabei eine nicht zu unterschätzende Rolle. So wohnte der Lausbub Nummer 1 in Neutrauchburg. Deshalb durfte es keinem Schüler aus diesem Vorort einfallen, in das gegnerische Lager überzuwechseln, sonst hätte er den Nachhauseweg nicht ohne Beulen überstanden. Aus geographischen Gründen hätte ich mich deshalb dem Lausbuben Nummer 2 anschließen müssen, da unsere Wohnung in seinem Stammesgebiet lag. Aber ich hätte das Gesicht verloren, wenn ich mich als Angehöriger einer höheren Klasse ihm, dem Jüngeren, unterstellt hätte.
So war ich denn auf dem Schulhof allein der feindlichen Horde ausgeliefert, bis der Entsatz aus Neutrauchburg angerückt kam oder der Pedell mit einem Stecken die feindlichen Parteien auseinandertrieb. Bald hatte ich allerlei Tricks gefunden, um der Meute zu entgehen. So entdeckte ich zum Beispiel einen Abstieg in den Stadtbach, der mich unbemerkt unter dessen Brücke führte. Da konnte ich bei einer Verfolgung plötzlich verschwinden, im Rücken der An-

greifer auftauchen und die gegnerische Front aufrollen. Dieses geheimnisvolle Verschwinden und Wiederauftauchen verschaffte mir großes Ansehen, zumal ich mein Geheimnis sorgfältig wahrte. Dies führte dazu, daß ein Teil der gegnerischen Streitmacht zu mir übertrat und ich meine eigene Hausmacht aufbauen konnte. Hier sammelte ich Kenntnisse und Erkenntnisse, welche die Schule nicht zu vermitteln pflegt, die aber für mich im Leben höchst nützlich waren.

Nachdem ich mir so durch manche Beule meinen Platz in der »Öffentlichkeit« erstritten hatte, kamen mir die von meiner Mutter zugedachten häuslichen Beschäftigungen ziemlich entwürdigend vor. Daß ich Holz und Torf aus der Bühnenkammer holen mußte, sah ich als durchaus normal an. Brennholz hacken und sägen machte mir sogar ausgesprochen Spaß, auch das Bohnern des Fußbodens ließ ich noch gelten, weil es Beschäftigungen waren, die mit einem Kraftakt verbunden sind. Sehr wenig Freude machte mir dagegen das Schuheputzen, besonders wenn ich auch die Nobeltrittchen meiner Schwester, die in einem Pensionat die mittlere Reife und feines Benehmen verpaßt bekam, während ihrer Ferien putzen sollte. Es war mir ein geringer Trost, daß ich ihre zartfarbenen Schuhe gründlich mit einer Bürste für schwarzes Schuhwerk polierte.

Am allerwenigsten schätzte ich es, wenn ich abstauben mußte. Erregte diese Tätigkeit an sich schon mein höchstes Mißfallen, so brachte mich der Gedanke, das Staubtuch alle Augenblicke aus dem Fenster schütteln zu müssen, an den Rand des Wahnsinns. Fürchtete ich doch jedesmal, ein Klassenkamerad würde mich bei dieser Tätigkeit beobachten und es mit Triumphgeheul der ganzen Klasse erzählen.

Das hätte in meinen Augen den Tod in der Lausbubengesellschaft bedeutet. Deshalb spähte ich jedesmal vorsichtig zum Fenster hinaus, und wenn die Luft rein schien, kniete ich am Fenster nieder, streckte zaghaft die Hand mit dem Staubtuch etwas hinaus, um es ungesehen auszuschütteln. Entdeckte ich aber bei dem Blick durchs Fenster auch nur von weiter Ferne eine bunte Mütze unserer Klasse, begab ich mich lieber auf die Toilette, um den Lappen dort auszuschütteln.

Zu den erfreulicheren Ereignissen meines Bubenlebens in Isny gehörte es, wenn im Herbst gemostet wurde. Eine Begebenheit, die mich zutiefst beeindruckt hat, ist mir in Erinnerung geblieben.

Zur gleichen Zeit wie meine Eltern mostete auch der Vater einer um sechs Ecken herum angeheirateten Tante. Sein Enkel Gottlieb und ich, wir beiden Buben, hatten Spaß an dem Geschäft, und so zogen und ruckten wir mit aller Kraft am Hebel der Mostpresse. »Na Gottlieb, da wird dein Großvater dir eine Extraflasche Most geben, wenn er sieht, wie fest du arbeitest.« Dies sagte eine Frau, die vorüberging, zu meinem Vetter, worauf er zu meinem mit Respekt gemischten Entsetzen antwortete: »Das läßt der alte Geizkragen bestimmt bleiben, der säuft ihn lieber selber.« Ich hatte keine Ahnung, daß der Großvater so schwerhörig war, daß er kein Wort verstand, und daß deshalb seine Angehörigen gewöhnt waren, ihre Meinung über ihn in seiner Gegenwart völlig ungeniert zu äußern. Mit dieser, wie ich meinte, Riesenfrechheit erwarb Gottlieb meine Hochachtung in solchem Maße, daß ich ihn mit großem Respekt behandelte und in den engeren Kreis meiner Freunde einbezog. Dabei war dieser »schwäbische Vetter« von der Veranlagung her gar kein richtiger Lausbub. Er wurde es aus Opposition, weil ihm stets sein älterer Bruder als leuchtendes Vorbild vorgehalten wurde. Das brachte ihn derart in Rage, daß er alles tat, um ja kein solcher Tugendbold zu sein.

Obwohl ich kräftig und körperlich sehr gewandt war, waren die Turnstunden das Langweiligste für mich was es gab. Ich habe soviel Geistlosigkeit später nur noch einmal auf dem Kasernenhof bei der Grundausbildung nach dem Exerzierreglement erlebt. Unsere Turnlehrer waren bis an den Hals mit diesem Kommißgeist erfüllt, und sogar die Bauchwelle durfte nur nach Abschnitten 1-2-3-4 gemacht werden. So war eine körperliche Ertüchtigung nur außerhalb dieser Stunden möglich.

Den meisten Gefallen fand ich am Wintersport, der zu dieser Zeit gerade modern wurde. Es war ein Glücksfall für die Isnyer Jugend, daß nach dem Kriege, bei der Auflösung der Alpenjäger, deren Skier zu Schleuderpreisen verkauft wurden, so daß sich auch die Ärmsten ein Paar Skier kaufen konnten. Schon nach kurzer Zeit wurden bei Isny kleine Sprungschanzen gebaut, und die durch ihren Beruf zu körperlicher Gewandtheit erzogenen Holzknechte wurden die ersten Asse der neuen Skizunft. Sie waren zu jedem Opfer für ihren Sport bereit. (Damals gab es noch keinerlei Zuschüsse von Firmen oder steuerbegünstigte Zuwendungen, sondern alles mußte in freiwilliger Arbeit geleistet oder von den mehr als bescheidenen Löhnen abgespart werden.) Daß wir Buben mit ganzem Herzen dabei waren, war selbstverständlich.

Es ging beim Skisport damals sehr einfach zu. Noch nicht einmal jeder zehnte hatte richtige Skistiefel. Man schlug einfach einen Nagel in den Absatz, dann hielt die Bindung auch. Von einer richtigen Skihose konnte man nur träumen. Wenn es hochkam, besaß man eine sogenannte Knickerbocker- oder Breecheshose mit Wadenstrümpfen. Mangelte es auch daran, so genügte ein Bindfaden, mit dem man die Hose unten zusammenband. Ausgelacht wurde man damals, als Piste und Loipe noch unbekannte Ausdrücke waren, nicht wegen der Kleidung, sondern nur wegen des sportlichen Versagens. Freilich waren wir uns noch nicht einmal klar darüber, daß wir Sport trieben. Wir fuhren schlicht und einfach Ski.

Gärtnerstift anno 1920

Trotz der Bubenfreuden und -freiheiten war mein Entschluß unumstößlich, nach Beendigung der Realschule eine Gärtnerlehre zu beginnen. Meine Abneigung gegen Staubwischen und andere häusliche Beschäftigungen war mit ein Grund, daß ich von zu Hause fort wollte. Meine Eltern versuchten zwar, mir den Vorteil eines weiteren Schulbesuchs klarzumachen, aber da ich auf meinem Wunsch beharrte, machten sie sich auf die Suche nach einer Lehrstelle, die dann auch in der Gärtnerei Georg Rupflin in Lindau-Aeschach gefunden wurde. Für damalige Verhältnisse war dieser Betrieb sehr fortschrittlich und sein Besitzer ein wirklich weitblickender Mann, der die Zeichen der Zeit zu deuten wußte. Seiner Unternehmungslust kam die Zeit der Inflation entgegen, deren Gesetze er rasch erkannte. Die Lage seiner Gärtnerei in dem Dreiländereck Deutschland-

Österreich-Schweiz öffnete ihm das Tor zu dem devisenstarken Nachbarland Schweiz, was er gar trefflich zu nutzen wußte. Diese Gärtnerei war die einzige mit geregelter Arbeitszeit im ganzen Bezirksamt Lindau. Die Arbeit begann um 6 Uhr und endete um 18 Uhr, am Samstag war um 13 Uhr Schluß, der Samstagnachmittag war frei, es sei denn, man hatte Wochenenddienst, der um 14 Uhr am Samstag begann und sonntags um 18 Uhr endete. Zum Wochenenddienst war jeweils ein Drittel der Belegschaft eingeteilt. Da an den Werktagen morgens und nachmittags je eine Vesperzeit von einer halben Stunde und eine einstündige Mittagszeit pünktlich eingehalten wurden, betrug die Arbeitszeit rund 61 Wochenstunden. Die Arbeitszeit der Lehrlinge verlängerte sich noch um den Schließdienst, Geschirrdienst, Essensdienst, Heizdienst und den Stubendienst, so daß sie rund 67 Wochenstunden arbeiten mußten. Trotzdem wurden die Gehilfen und Lehrlinge der Firma Rupflin von allen gärtnerischen Arbeitskräften der Umgebung glühend beneidet, denn in anderen Betrieben begann der Dienst im Sommer mit Sonnenaufgang. Außerdem mußten nach Feierabend die Erzeugnisse noch marktfertig gemacht werden, was oft bis in die Nacht dauerte. So hatte ich also ausgesprochenes Glück mit meiner Lehrstelle.
Am Abend des 30. April 1920 brachte mich mein Vater zu meinem Lehrmeister. Der Obergärtner nahm mich in Empfang und brachte mich in den Essens- und Aufenthaltsraum mit der Bemerkung, daß ich der neue Lehrling Albert sei. Ein anderer Lehrling zeigte mir das Zimmer, in dem wir zu dritt schliefen, ein Kämmerchen mit dreieinhalb Metern im Quadrat, in dem drei Betten und ein Spind standen, den übrigen Raum nahmen unsere drei Holzköfferchen ein.

Dann ging es wieder in den Aufenthaltsraum, kurz Gärtnerbude genannt. Diese Gärtnerbude war ein kahler Raum mit einigen roh gezimmerten Tischen und Bänken ohne Rükkenlehne und ein paar Stühlen, die den Gehilfen vorbehalten waren. In der hinteren Ecke war ein Lattenverschlag, in dem irgendwelches Werkzeug untergebracht war, nebst einer Pritsche für den Nachtdienst. Ein Kanonenofen vervollständigte die Einrichtung. Diese Gärtnerbude war unser einziger heizbarer Raum. Alle Schlafräume waren nicht heizbar. Da das Haus sehr feucht und kalt war, zeigte sich im Winter meist Eis an den Zimmerwänden, und die Betten waren klamm. Aber wir wußten uns zu helfen: Wir fingen abends die Katzen der Nachbarschaft ein und steckten sie in unsere Betten. Man mußte nur von Zeit zu Zeit kontrollieren, ob nicht ein Zimmergenosse die lebende Wärmflasche in sein Bett umgesiedelt hatte. Besonders raffiniert machte es ein Gehilfe aus dem Bayerischen Wald. In seinem Bett räkelten sich zu unserem Erstaunen ständig Katzen. Ja er ließ sogar die Fenster offen, damit die Katzen hereinkamen, während wir die Fenster verschlossen halten mußten, damit die Katzen nicht entwichen. Wir standen vor einem Rätsel bis wir dahinterkamen, daß er Baldrianextrakt auf seinen Strohsack träufelte.
Aber mit dieser Milieuschilderung eile ich der Zeit voraus. Nachdem ich vom Obergärtner allgemein vorgestellt worden war, setzte ich mich zu den anderen Lehrlingen zwecks Kontaktaufnahme – von meiner Seite vorsichtig tastend, von der anderen Seite mit der betont herablassenden Haltung dienstälterer Lehrbuben. Denn auch hier gab es die Rangordnung zwischen Unter- und Oberstift. Plötzlich ging die Türe auf, mein Vater erschien nochmals, um mir

meine Hausschuhe zu bringen, die versehentlich in seinen Koffer gepackt worden waren. Mir war das furchtbar peinlich, weil ich fürchtete, daß ich deshalb von den anderen verlacht werde. Ich war daher ganz erstaunt, als nach dem Abschied meines Vaters keinerlei Spottreden geführt wurden, sondern im Gegenteil, eine nachdenkliche Stille herrschte. Bis ein Gehilfe, der zuvor die rüdesten Sprüche gemacht hatte, die Stimmung mit den Worten ausdrückte: »Hast du einen guten Vater, der extra nochmal herkommt, um dir die Pantoffeln zu bringen.«

Am anderen Morgen rasselte, wie nun für lange Zeit, um 5 Uhr der Wecker. Wir wuschen uns am Hofbrunnen. Das mußte alles sehr schnell gehen, weil wir Lehrlinge das Frühstück von der 30 m entfernten Villa des Chefs holen und den Tisch decken mußten. Nach dem Frühstück sammelte ein Lehrling das Geschirr ein, reinigte Tische und Gärtnerbude und brachte das Geschirr in die Küche zurück. Für diese Arbeit waren zehn Minuten zugebilligt. Um 6 Uhr versammelte man sich im großen Verpflanzschuppen, wo die Arbeit des Tages besprochen und verteilt wurde. Die Gärtner, die ein eigenes Revier hatten, konnten dies gleich aufsuchen. Um 9 Uhr wurde Brotzeit gemacht. Man versammelte sich wieder in der Gärtnerbude, die Lehrlinge holten Kaffee oder Most und einen Brotaufstrich in der Küche. Das Brot mußte man sich selbst kaufen, da es damals noch auf Marken abgegeben wurde. Nach der Brotzeit hatte der mit dem Stubendienst beauftragte Lehrling wieder das Vergnügen, Tische und Bude zu reinigen. Dasselbe wiederholte sich bei Mittagessen, Brotzeit und Abendessen.

Am Samstagnachmittag war Großputz, danach wurde der Stubendienst an den nächsten Lehrling, der an der Reihe war, übergeben. Dafür mußte man den Geschirrdienst übernehmen. Unter Geschirrdienst verstand man das Einsammeln und Reinigen des gebrauchten Handwerkzeuges wie Spaten, Schaufeln, Hacken usw. Dieses Geschirr wurde meist trocken gereinigt; nur wenn es geregnet hatte, mußte man es waschen und trockenreiben, damit es blank blieb und nicht verrostete. Anschließend hängte man es an die dazu bestimmten Haken. Bei diesem Dienst mußte man sehr auf der Hut sein, daß einem kein Streich gespielt wurde. Besonders wehrlos war man, wenn ein Übelwollender eine Hacke, eine Schaufel oder einen Spaten hinter einer Hecke verschwinden ließ und nach einigen Tagen verrostet wieder »fand« bzw. den Geschirrdiensthabenden finden ließ. Verschlamptes Gerät galt als grobe Pflichtverletzung, die mit Verlängerung dieses Dienstes geahndet wurde. Das war besonders bitter, weil man zum Geschirrdienst mindestens eine Stunde brauchte und regelmäßig zu spät zum Abendessen kam, so daß man sich mit den kümmerlichen Resten begnügen mußte, die von den anderen übriggelassen worden waren.

In der Woche nach dem Geschirrdienst war man zum Abschließdienst eingeteilt. Man holte abends die Schlüssel im Büro und schloß alle Tore und Türen der Gärtnerei ab. Als letzter Dienst kam der Heizdienst. Dann hatte man eine Woche Ruhe bis der Stubendienst wieder begann.

Der Heizdienst war der bei uns Lehrlingen beliebteste Dienst, obwohl man im Winter bis 24 Uhr aufbleiben mußte, um die Temperaturen der Heizungskessel und der Gewächshäuser noch einmal zu kontrollieren und in ein Kontrollbuch einzutragen. Man nahm den Transport des Kokses, das Schlackenziehen und Ascheräumen gern in Kauf.

Man war nämlich durch diesen Heizdienst auch tagsüber voll ausgelastet und blieb dadurch von vielen anderen Arbeiten verschont, zum Beispiel vom Gemüseputzen im Freien. Hatte man sich beim Heizdienst besonders bewährt, wurde man während des Winters ausschließlich damit betraut und von den anderen Diensten freigestellt. Das war natürlich die Höhe der Gefühle. Man brauchte kein Essen zu schleppen, keine Bude und Tische zu reinigen und keine versteckten Werkzeuge zu suchen. Dafür konnte man, wenn die Familie des Chefs schlief, die für die Flieder- und Maiblumentreiberei bestimmte Wanne mit heißem Wasser füllen und seine Mitstifte zu einer Badeparty einladen, denn dieses Becken war so groß, daß nicht nur 150 Töpfe mit Maiblumenkeimen oder ein Dutzend Treibflieder, sondern auch mindestens vier Lehrbuben Platz hatten. Erstaunlich war, daß diese Partys während meiner ganzen Lehrzeit ein streng gehütetes Geheimnis blieben.

Die Arbeit im Betrieb war recht befriedigend. Im Gegensatz zu den meisten Gärtnereibesitzern, welche ihre Lehrlinge in den ersten Jahren nur mit Hilfsarbeiten beschäftigten, wurden wir von unserem Chef vom ersten Tage an mit gärtnerischen Arbeiten vertraut gemacht und bekamen schon nach einem halben Jahr bei entsprechender Eignung verantwortungsvolle Arbeiten zugewiesen. Das stachelte unseren Ehrgeiz an, und so erfüllte es mich mit großem Stolz, daß ich am Anfang des zweiten Lehrjahres für eine Kultur von 2000 bis 3000 Alpenveilchen zuständig war. Selbstverständlich geschah das unter der Aufsicht des Obergärtners, der mir aber das Gefühl von Selbständigkeit in verständnisvoller Weise ließ. Das wirkte sich auf den Betrieb äußerst günstig aus, weil fähige und interessierte Lehrlinge spätestens am Ende des zweiten Lehrjahres einen Junggehilfen ersetzen konnten.

»Bigott der Schorsch«

Diese und viele andere kluge Maßnahmen gingen auf den Besitzer der Gärtnerei, auf Georg Rupflin zurück. Er wurde von uns schlicht »der Schorsch« oder »Bigott der Schorsch« genannt, weil er jeden zweiten Satz mit der an der Vorarlberger Grenze beliebten Wendung »Bigott« (bei Gott) anfing, unterstrich oder beendete. Ich glaube heute, daß er diese Wendung ursprünglich nur benutzte, um eine gewisse ländliche Verbundenheit zu demonstrieren. Damit sicherte er sich Vertrauen und Sympathie einfacher Menschen. Allmählich aber wurde ihm diese Redewendung zur Gewohnheit.

Dieser Schorsch war ein hochbegabter, weitblickender Dilettant voller Einfälle. So erkannte er schon frühzeitig das Wesen der Inflation und gab einen monatlichen Index für die bayerischen Gärtner heraus. Daß er diese Erkenntnisse auch für seinen eigenen Betrieb zu nutzen wußte, ist weiter oben bereits angedeutet. Er betrieb, wie schon gesagt, einen außerordentlich schwunghaften Handel mit der Schweiz. Nicht immer zur Freude seiner Schweizer Kollegen, die ihm deshalb auch den Vorwurf machten, mehr Händler als Gärtner zu sein. Diesem Vorwurf begegnete er auf eine für ihn typische Weise: Er pachtete einen an seine Gärtnerei anstoßenden, über einen Hektar großen Acker, den er durch einen Zaun in den Betrieb einschloß. Dann ließ er ein gutes Dutzend Güterwagen mit Erikastöcken nicht wie üblich Anfang September, sondern bereits Ende Juli aus der Gegend von Dresden kommen, und senkte sie in diesen inzwischen in Beete aufgeteilten Acker ein. Da gerade in Augsburg eine große Gärtnerei als Bauplatz verkauft wurde, übernahm er ihre Gewächshäuser auf Abbruch, ließ diese in seiner Gärtnerei aufstellen und füllte sie mit Kamelien, die er gleichfalls waggonweise aus Sachsen bezog. Gleichzeitig übernahm er die gesamten Frühbeetfenster der Augsburger Gärtnerei und ließ eine Menge Frühbeete bauen. Zu unserem Erstaunen wurden nur die am Rande liegenden Beete mit Pflanzen bestückt, und wir rätselten natürlich, was diese an Potemkinsche Dörfer erinnernde Schau bezwecken sollte. Die Lösung ließ nicht lange auf sich warten. Eines Tages mietete Schorsch sämtliche Lohnkutschen von Lindau und ließ von einem Hotel eine umfangreiche Kommission Schweizer Gärtner abholen, denen er beweisen wollte, daß er alle in die Schweiz versandten Pflanzen im eigenen Betrieb angezogen hatte. Zuerst wurde diese Kommission mit einem beachtlichen Gabelfrühstück und mit viel Wein traktiert. Schorsch richtete es dann so ein, daß er mit den Eidgenossen auf die Terrasse seiner Villa hinaustrat, als wir unsere Gärtnerbude nach der Morgenbrotzeit verließen. Einige von uns tröpfelten zwischen die Gewächshäuser bei der Villa, das Gros jedoch bog um die Ecke, wodurch sie den Blicken der Kommissionsmitgliedern entschwanden, und das war gut so. Denn auf der Rückseite der Gärtnerbude führte eine Leiter zu einem Fenster, durch das wir wieder in unseren Vesperraum hineinstiegen, die Jacken wechselten, um ein zweites Mal vor den

kritischen Augen der Eidgenossen zu paradieren. Diese waren denn auch von diesem alles in den Schatten stellenden Aufgebot an Personal zutiefst beeindruckt. Ein Eindruck, der sich noch steigerte, als Schorsch ihnen die randvollen Gewächshäuser und die üppig besetzten Frühbeete – Schorsch wußte ja, welche Frühbeetfenster hochgehoben werden durften – vorführte. Als Schorsch ihnen gar den unübersehbaren Erikenbestand zeigte, der den verkaufsreifen Bestand von mindestens zehn sächsischen Erikagärtnereien enthielt, schlug ihr anfängliches Mißtrauen in absolute Bewunderung für ihren großen Kollegen um. Bei unserem Gang zum Mittagessen war keine weitere Maskerade mehr nötig, denn Schorsch hatte seine Schweizer Gäste schon längst zu einem opulenten Mahl geschleppt.
Sie durften sich ja auch nicht zu lange in der Gärtnerei aufhalten, damit sie nicht merkten, daß in allen Beeten nur fertige Verkaufsware und keine Nachzucht vorhanden war. Solche Szenen waren für unseren Chef förmlich Lebenselixier, und er fühlte sich mehr als großer Wirtschaftskapitän denn als tüchtiger Gärtner. So pflegte er seine Gärtnerei meist nur mit einem Fernrohr aus den Fenstern seines Hauses zu überwachen und auf diese Weise die einzelnen Handgriffe der arbeitenden Gärtner zu kontrollieren, denn er war immer hinter noch rationelleren Arbeitsmethoden in der Gärtnerei her.
Er erwarb sich auch große Verdienste um die Förderung der gärtnerischen Berufsausbildung. Seiner Initiative war schon 1921 die Gründung einer gärtnerischen Berufsschulklasse in Lindau zu verdanken, in der wir Botanik bei Studienprofessor Knöpfle, Landschaftsgärtnerei bei einem trinkfreudigen Gartenarchitekten aus Wasserburg und Zier-

pflanzenbau bei einem Gärtnermeister aus der Umgebung lernten. Auch die Einführung von Lehrlingsprüfungen war sein Werk. Hier zeigte sich auch die Güte der Ausbildung in seinem Betrieb, denn sowohl in der Praxis als auch in der Theorie schnitten seine Lehrlinge am besten ab.
Praktisch leiteten die beiden Obergärtner den Betrieb. Der erste Obergärtner war ein gemütlicher, trinkfreudiger Allgäuer Lindauer Prägung, der einen kräftigen Scherz, eine zupackende Art und seine Ruhe liebte. Das hatte ich bald heraus, und wenn ich eine Arbeit beendet hatte, fragte ich ihn nicht nach neuer Arbeit, sondern gleich, ob ich da und da helfen sollte. Daß es sich dabei immer um Tätigkeiten handelte, die mir besonderen Spaß machten oder mich interessierten, versteht sich von selbst. Der Obergärtner, der durch diese Fragestellung des unbequemen Nachdenkens enthoben war, stimmte meinen Vorschlägen meist zu, und ich bekam sehr zum Ärger meiner Mitstifte die Tätigkeit, die ihnen natürlich auch sehr gut gefallen hätte.
Der zweite Obergärtner war das, was man in Bayern einen »Zugroasten« nennt. Dies kam in seiner raschen preußischen Art zum Ausdruck und verschaffte ihm wenig Freunde. Zudem hatte er uns Lehrlingen gegenüber eine rutschige Hand, was wiederum von uns im allgemeinen und mir im speziellen gar nicht geschätzt wurde.
Gewissermaßen als dritter Obergärtner fungierte der Landschaftsgärtner. Er war mein Idol, weil er über ungeheure Körperkräfte verfügte. Er nahm einen Baum, den zwei Männer mit hängender Zunge gerade schleppen konnten, einfach auf die Schulter, als ob es sich um eine Zaunlatte handelte.
Wir Lehrlinge und die meisten Gehilfen unterstanden di-

rekt dem ersten Obergärtner und wurden an die anderen nach Bedarf ausgeliehen. Unter ihrer Aufsicht mußte wohl hart gearbeitet werden, so daß man abends müde ins Bett sank und traumlos bis zum anderen Morgen schlief, bis der Wecker rasselte, aber diese körperliche Arbeit machte mir großen Spaß. Es gab auch Arbeiten, die mir weniger Freude bereiteten. Wenn es zum Beispiel hieß: »komm, jetzt wirst du katholisch«, wußte ich, was es geschlagen hatte. Man mußte tage-, ja wochenlang auf einem Brett knien, das auf die Seitenwände eines Frühbeetes gelegt war, und winzig kleine Pflänzchen in die Erde pikieren. Da ich schon damals über ein recht beachtliches Gewicht verfügte, taten mir schon nach wenigen Stunden die Knie schauderhaft weh, und das steigerte sich von Tag zu Tag. Man freute sich über jeden Regentag, an dem es unmöglich war, in den Frühbeeten zu pikieren. Aber wenn es nicht gerade Schmiedknechte samt Amboß regnete, mußte man, wenn es irgendwie ging, im Freien weitermachen. Hatte man eine Arbeit unter Dach, wie etwa Umtopfen, so mußte man jede Pause während den einzelnen Regengüssen ausnutzen, um die vertopften Pflanzen im Frühbeet einzusenken und frische Verpflanzware unter Dach zu bringen. Das klappte aber nicht immer. Solange der Obergärtner nicht in der Nähe war, empfanden wir das als recht angenehm. Man vertrieb sich die Zeit dann eben mit munteren Reden. Wenn allerdings der Obergärtner alle Augenblicke vorbeikam, konnte man nicht unbeschäftigt herumstehen. Da blieb nichts anderes übrig, als die bereits vertopften Pflanzen wieder auszutopfen und aufs neue mit größeren Töpfen zu versehen. So bot sich das Bild emsiger Tätigkeit, was auch vom Chef mit Wohlgefallen wahrgenommen wurde.

Der Kavalier schweigt und friert

Einen großen Teil meiner Freizeit verbrachte ich bei meinen Lindauer Verwandten. Besonders gern besuchte ich meinen Onkel Karl und seine Frau, meine Tante Johanna. Daran waren ihre drei Nichten, Liesel, Nelly und Trudel nicht ganz unschuldig. Sie wohnten zwar in Biberach, kamen aber öfters nach Lindau zu Besuch. Als erstes lernte ich Liesel kennen. Glücklich zog ich mit ihr durch die Stadt, die durch ihre Gegenwart für mich plötzlich etwas Strahlendes bekam. Ich ging wie auf Wolken, und ich habe den Eindruck, daß sie – da sie schon etwas erfahrener auf diesem Gebiet war – meine Verliebtheit mit viel Vergnügen genoß. Sie war wirklich ausnehmend apart, und ich wurde, als wir einmal am Dampferhafen von Lindau zu dem die Mole zierenden Löwen abschwenken wollten, von einem Gärtnergehilfen, der sich sonst über uns Lehrlinge absolut erhaben fühlte, mit ausgesuchter Freundlichkeit angesprochen. Da mir seine Absichten vollkommen klar waren, ich aber keinen Wert auf Konkurrenz legte, schlug ich meiner Cousine vor, vorauszugehen. Das Interesse des Gehilfen an mir erlosch schlagartig. Ich eilte meinem Idol nach und schwenkte den Weihrauchkessel meines Herzens mit einer solchen Heftigkeit, daß, wäre besagter Weihrauch materialisiert worden, die ganze Insel Lindau nebst umgebendem Bodensee in einer dichten Wolke verschwunden wäre. Zurückblickend ist es mir ein Rätsel, wie das gute Mädchen den langweiligen Schwärmer ausgehalten hat. Ich nahm sie noch nicht einmal richtig in den Arm, um ihr einen herzhaften Kuß zu geben.

Nelly, die nächste der drei Cousinen lernte ich bei der Konfirmation meines Vetters Kurt kennen. Als ich sie am Morgen vor dem Kirchgang sah, brannte ich sofort lichterloh. Es war mir vollkommen unbegreiflich, wie die anderen Gäste den Anblick von soviel Liebreiz so gelassen hinnehmen konnten und ihr ganzes Interesse auf die Konfirmanden im allgemeinen und meinen Vetter Kurt im besonderen konzentrieren konnten. Ich konnte es nicht, ganz im Gegenteil. Ich saß zwar so andächtig wie nie im Gottesdienst, aber aus meinem übervollen Herzen – der Gegenstand meiner Anbetung saß neben mir – opferte ich der heidnischen Göttin der Liebe in dieser christlichen Kirche. Als wir auf dem Nachhauseweg an meiner Lehrgärtnerei vorbeikamen, beurlaubte ich mich von meiner Angebeteten, sprang über den Zaun, brach ins Gewächshaus ein und plünderte dieses gründlich. Als ich den Gegenstand meiner Verehrung mit meinem Blumensegen überschüttete, wurde dies von der vergnügten Konfirmationsgesellschaft mit lautem Hallo begrüßt. Was mir, in meinem Glück befangen, gar nicht zum Bewußtsein kam. Beim Essen scharten sich die Erwachsenen um den Konfirmanden, während Nelly, mein Vetter Karl und ich an einen Jugendtisch gesetzt wurden, um das Festmahl zu verzehren.
Auch am Abend saßen wir an diesem Tisch. Beim Anstoßen stellte der jederzeit zu Streichen aufgelegte Onkel Karl fest, daß wir das ganz verkehrt machten, indem wir nur auf die Gläser sahen. »Beim Anstoßen sieht man sich in die Augen, das müßt ihr doch üben.« Nichts konnte uns lieber sein, und so forderte ich alle Augenblicke das schöne Kind auf, mit dem Training der Kunst des Anstoßens fortzufahren. Das war ein Unternehmen, das nicht ohne Folgen blieb.

3 *Ansicht der Wilhelma aus dem Jahr 1890*

4 *Als ich aus dem Krieg heimkehrte, bot die Wilhelma einen traurigen Anblick*

Fröhlich beschwipst versuchten wir, auf der Terrasse das Deutschlandlied zu singen, ein Unterfangen, an dem wir von den Erwachsenen gehindert wurden. Darauf wurde ich von der Dame meines Herzens veranlaßt, »Guten Abend, gute Nacht« zu singen. Ich tat das dann auch mit dem Pathos und der Hingabe eines verliebten Katers, so daß der zuhörenden Nachbarschaft vermutlich der Gesang eines wirklichen Katers entschieden lieber gewesen wäre. Die Festgesellschaft beschloß deshalb, uns nur noch alkoholfreie Getränke zu verabreichen und uns zur Ernüchterung gründlich mit Berliner Pfannkuchen vollzustopfen. Die Krapfen verspeisten wir mit großem Vergnügen, zumal wir solcher Genüsse als Folge von Krieg und Inflation kaum einmal teilhaftig geworden waren. Aber auch diese Freude sollte schreckliche Folgen haben. Als Vetter Karl und ich den Auftrag erhielten, Nelly heimzugeleiten – sie wohnte bei einem Onkel zwischen Bad Schachen und Wasserburg –, machte sich die Wirkung der Berliner auf unsere Därme bemerkbar. Ausgerechnet auf dem Eisenbahndamm, der Insel und Festland verbindet, ereilte mich mein Schicksal. Es blieb mir nichts anderes übrig, als den steilen Damm hinunterzustürzen, da es oben auch nicht die Spur einer Deckung gab. Diese Übung vollführte ich mindestens dreimal, bis wir endlich das Festland erreichten. Vetter Karl benutzte jedesmal die Gelegenheit, um in verräterischer Weise Nelly zum Weitergehen zu überreden. Aber sie blieb treu und standhaft. Endlich erreichten wir das Festland. Jetzt war Vetter Karl an der Reihe. Er hatte es zwar leichter, Deckung zu finden, aber sei es nun, daß ihr zwei mit diesem Defekt behaftete Kavaliere doch etwas zuviel waren oder ...? Jedenfalls ließ sie sich dazu bewegen, weiterzugehen. Als wir hinter uns die stampfenden Schritte eines rasch Dahineilenden hörten, ließ sie sich auch bereitwillig seitlich in den deckenden Schatten ziehen. Von hier aus sahen wir dann auch Vetter Karl, mit den Händen die Hose haltend, rasch entschwinden. Vorsichtshalber schlug ich einen kleinen Umweg ein, der sich als durchaus reizvoll herausstellte. So trafen wir erst nach eineinhalb Stunden am Tor der Villa ein. Hier fanden wir einen zornbebenden Vetter Karl, der unsere Versicherung, wir hätten ihn so lange verzweifelt gesucht, als blanken Hohn abtat. Der Heimweg von Karl und mir verlief sehr schweigsam.

In der folgenden Zeit stand ich in so hellen Flammen, daß auch die Wasser des Bodensees nicht ausreichten, die Glut abzukühlen. Ich fuhr jeden Abend mit dem Fahrrad zu dem Strandbad hinter dem Lindenhof in Bad Schachen, um zu dem 600 m entfernten Badehäuschen zu schwimmen, das zu der Villa meiner Angebeteten gehörte. Hier wurde ich bereits erwartet. Die liebende Hand hatte den Deckel der Badeluke bereits geöffnet, und wir schmachteten uns stundenlang in seeliger Verliebtheit an. Und dann endete diese Romanze auf eine unglaublich tragikomische Weise.

Als Nelly und ich wieder einmal mit verliebten Blicken auf der Veranda des Häuschens saßen, näherte sich das Schicksal in Form meines Onkels. Ich konnte gerade noch durch die Luke die Treppe ins Wasser hinunterschlüpfen. Da ich auf keinen Fall wegschwimmen konnte, wenn ich nicht erkannt werden wollte, blieb mir nichts anderes übrig, als bibbernd auf der leiterartigen und deshalb auf die Dauer reichlich unbequemen Treppe zu sitzen und zu frieren. Das Wasser war schon ziemlich kalt, aber mein Onkel las auf der Veranda genüßlich seine Zeitung und dachte gar nicht daran abzuziehen. Wenn man sonst sagt »der Kavalier genießt und schweigt«, so war in meiner Lage höchstens noch der Ausspruch »der Kavalier schweigt und friert« angebracht. Endlich, als die »goldene Abendsonne« bereits die Berge nicht mehr vergoldete (was mir übrigens Wurscht war, denn mir war längst der Sinn für den Zauber der Landschaft vergangen), faltete der Onkel die Zeitung zusammen und begab sich ins Haus. Ich schwamm dem Strandbad am Lindenhof zu, das natürlich schon längst geschlossen hatte. Also stand ich frierend, aber leider ohne Kleidung, wieder auf dem Land, denn diese war im Umkleideraum mit eingeschlossen worden. Nur mein Fahrrad lehnte noch einsam vor dem Strandbad. So schwang ich mich als »Erreger öffentlichen Ärgernisses« aufs Rad und verließ mich darauf, daß kein Polizist und auch kein Verwandter oder Bekannter meinen Weg kreuzen würde. Das Glück war mit mir, es gelang mir, unbemerkt ins Haus zu schlüpfen, um mich anzukleiden. Damit war das Problem aber noch nicht gelöst. Ich mußte ja meine Kleider noch im Bad abholen, und zwar bevor jemand auf die Idee kam, ich wäre ertrunken oder es wäre sonst etwas passiert.

Ich kaute deshalb am nächsten Morgen ein Stück Lebkuchen und schob es auf der linken Seite zwischen Kiefer und Wange, kam stöhnend zum Frühstück und jammerte über meine unerträglichen Zahnschmerzen. Die Chefin, ihre Mutter und das Dienstmädchen zerflossen vor Mitleid, als sie die geschwollene Backe sahen, und es wurde mir sofort geraten, meinen Zahnarzt in Bad Schachen aufzusuchen. Ich kam gerade noch rechtzeitig ins Strandbad. Die Reinemachefrau hatte meine Kleidung bereits gefunden, aber es war noch niemand verständigt worden. Erleichtert brachte ich mein Eigentum bei der Mutter eines Mitstifts unter, um es abends, wenn niemand mehr dumme Fragen stellte, abzuholen. Vorsichtshalber ging ich auch noch zum Zahnarzt und ließ mir die Zähne nachsehen. Da er ein gewissenhafter Mann war, fand er auch ein kleines Loch in einem Zahn, allerdings an einer anderen Stelle als ich angegeben hatte. So hatte sich alles wieder einmal zur Zufriedenheit aufgelöst, aber meine Leidenschaft war stark abgekühlt, und ich versuchte mich nie wieder als liebestrunkener Aquavelocipedist.

Mäusebrot und Kränzebinden

Mit meiner körperlichen Entwicklung ging eine erschrekkende Entwicklung meines Appetits Hand in Hand. So kam es, daß mir meine Brotmarken hinten und vorne nicht ausreichten. Es war für mich ein Glück, daß ich einen Bäcker in der Nachbarschaft überreden konnte, mir von Mäusen angefressene Brotlaibe zwar ohne Marken, aber zum vollen Preis zu überlassen. Von da ab konnte ich täglich mindestens einen Zweipfundlaib aufessen. Aber die Freude war von kurzer Dauer, denn dank eines tüchtigen Kammerjägers wurde der Bäcker leider die Mäuse los, und ich war wieder auf meine kümmerlichen Brotmarken angewiesen. Mir war klar, es mußte etwas geschehen, das die versiegte Brotquelle erneut zum Fließen bringt.
Beim Anblick einer Mausfalle, in der die Mäuse lebend gefangen wurden, kam mir der rettende Gedanke. Ich lieh mir

alle nur erreichbaren Mausfallen und stellte sie auf. Mein Jagdglück war beachtlich, bald war ich im Besitz von einem Dutzend Mäusen. Aber damit hatte ich sie noch lange nicht im Bäckerladen. Doch wozu hatte ich jahrelang weiße Mäuse gezüchtet. Ich wußte, daß man die Mäuse am Schwanz hochheben und dann bequem hinter dem Kopf fassen kann. So hatte ich jedesmal, wenn ich den Bäckerladen aufsuchte, eine Maus in der linken Hand, die ich in der Hosentasche verbarg. In einem unbemerkten Augenblick ließ ich meine Gefangene los, und schon zwei Tage später bot mir die Bäkkerfrau Brotlaibe mit »leichten Schäden« zum Kauf an.

Während meiner Lehrzeit im Betrieb von Georg Rupflin in Lindau-Aeschach hatte mein Lehrherr seine Gärtnerei mit der seines Bruders Hermann vereinigt. Die Firma von Hermann Rupflin lag in der Stadt Lindau selbst. Dort im Stadtbetrieb verbrachte ich mein drittes Lehrjahr. Nicht ganz freiwillig, denn ich hatte mich in eine Prügelei mit einem der Obergärtner eingelassen. Zu meiner Ehrenrettung sei allerdings gesagt, daß mir mein Kontrahent vorher, als ich eines Tages nicht zur Arbeit erschien, Faulheit und Drückebergerei vorgeworfen hatte, obwohl ich ein ärztliches Attest vorweisen konnte, das bestätigte, daß ich wirklich krank war. So zog ich also in den Stadtbetrieb um.

Es war eine einschneidende Veränderung, da ich aus einer großen Gärtnerei mit zahlreichen Arbeitskräften in einen richtigen Kleinbetrieb kam. Der bestand außer mir aus einem Gehilfen und einem Lehrling. Der Gehilfe hatte in diesem Betrieb gelernt und stand im ersten Gehilfenjahr. Er war ein Lindauer Bürgersohn und wohnte bei seinen Eltern, die der Gärtnerei gegenüber ein Geschäftshaus besaßen. Der Lehrling war jünger als ich und teilte sich mit mir eine vergipste Dachkammer. Diese Kammer war selbstverständlich nicht heizbar, das Fenster begann am Boden und war 50 cm hoch. Die Beleuchtung bestand aus einer Talgkerze, der von der Meisterin eine Lebensdauer von 14 Tagen zugemessen wurde. Als Aufenthalts- und Speiseraum diente für uns beide und für das Dienstmädchen die Küche. Die Meisterin und ihre Mutter versorgten den Laden und die Kranz- und Blumenbinderei. Wenn viele Kränze bestellt waren, wurde ich zur Mitarbeit abkommandiert. Das bereitete mir viel Vergnügen, da die Meisterin eine wirklich gute Binderin mit viel Geschmack war und man bei ihr viel lernen konnte. Die Kränze mußten nicht nur gebunden, sondern auch zum Trauerhaus getragen werden. Diese Aufgabe, die viel Trinkgeld abwarf, war bei den Lehrlingen sehr geschätzt. Da ich von zu Hause Geldgeschenke nicht gewohnt war, war es mir furchtbar peinlich, wenn ich Trinkgelder entgegennehmen sollte. Als mich meine Mitstifte wegen dieser Einstellung auslachten, wandelte sich meine Meinung darüber sehr rasch, und zuletzt taxierte ich jeden Kranz, den ich forttragen mußte, danach, wieviel er wohl einbringen würde. Dabei lernte ich, daß man die besseren Trinkgelder von einfachen Leuten erhielt. Männer waren spendabler als Frauen. Am wenigsten sprang heraus, wenn Kränze, Pflanzen oder Blumensträuße vom Personal entgegengenommen wurden. Außer der Binderei konnte man in dieser Gärtnerei nicht viel lernen, da sie restlos veraltet war. Sie war auf einem Gelände in der Nähe des Bahnhofs angesiedelt, das die wertvollste Baulandreserve von Lindau bildete. So wollte Hermann Rupflin als Pächter kein Geld in den Betrieb investieren. Hätte ich alle drei Lehrjahre in dieser Gärtnerei verbracht, wären meine beruflichen Kenntnisse äußerst bescheiden geblieben. So, im letzten Lehrjahr, war der Aufenthalt dort eine wertvolle Ergänzung meiner Ausbildung, da ich auf dem Gebiet der Binderei und Blumendekoration sehr viel lernen konnte, zumal Lindau von vielen anspruchsvollen Fremden aufgesucht wurde, deren Geschmack man Rechnung tragen mußte. Als die drei Lehrjahre vorüber waren, legte ich meine Lehrlingsprüfung zur allgemeinen Überraschung – auch zu der meines Lehrherrn – mit vorzüglichem Erfolg ab. Dies veranlaßte ihn, mir ein besonders schwungvolles Zeugnis zu schreiben, das mir nach seinen Worten sämtliche Tore öffnen sollte.

Vorläufig hatte ich mit den sämtlichen Toren nicht viel im Sinn, sondern schickte das Holzköfferchen mit meinen wenigen Habseligkeiten zu meinen Eltern. Sie hatten vor einigen Jahren mit meinem Schwager, einem Ziegeleifachmann, das Dampfziegelwerk Schussenried gekauft. Ich selbst schwang mich auf mein Fahrrad und fuhr zu meiner Großmutter nach Isny. Von dort aus machte ich einen Besuch in Kempten bei der Dame, die nach dem Umzug meiner Eltern nach Isny für mich gesorgt hatte. Diese Dame hatte unter dem Druck der Inflation ihre große Wohnung gegen eine sehr bescheidene vertauscht, die gegenüber der Gärtnerei »Städele« lag. Als ich von ihr hörte, daß der Gärtnermeister Städele einen Gehilfen suchte, stellte ich mich ihm vor, und wir wurden schnell handelseinig. Außer dem Meister und mir war nur noch ein Gartenarbeiter im Betrieb. Im Gegensatz zu meinen Lindauer Chefs war Meister Städele von 1/2 6 Uhr morgens bis zum Abend selbst ununterbrochen in der Gärtnerei tätig. Im Vergleich zu dem Stadtbetrieb – meiner Lehrgärtnerei – wurde dort mit der Hälfte von Arbeitskräften das Doppelte an Pflanzen heran-

gezogen. Und diese Pflanzen befanden sich in einem hervorragenden Kulturzustand. Hier wurden keine neuen, arbeitssparenden Methoden ausprobiert, aber man hielt ein gutes Arbeitstempo durch, und was man machte, hatte Hand und Fuß. Hier lernte ich das erste Mal, wie wichtig es ist, daß der Chef der erste und der letzte im Betrieb ist.
Meister Städele und ich hatten in dem Sommer, in dem ich bei ihm arbeitete, ein nettes Gesellschaftsspiel: Der offizielle Arbeitsbeginn war um ½6 Uhr, aber Meister Städele war schon eine Viertelstunde früher in der Gärtnerei und pflegte ein vor meinem Fenster gelegenes Gewächshaus abzudecken. Da mein Wecker täglich fünf Minuten vorging, kam ich jeden Tag soviel früher, daß wir Mitte der Woche gleichzeitig mit der Arbeit begannen. Als ich am Freitag und Samstag zehn Minuten vor dem Meister in der Gärtnerei war, deckte ich natürlich mit ebensoviel Geräusch das Gewächshaus vor seinem Schlafzimmerfenster auf, aus dem er höchst erstaunt herausschaute und fürchtete, er hätte verschlafen. In den folgenden Wochen wiederholte sich dieses Spiel, das mir enormen Spaß machte. Auch sonst war zwischen uns beiden eine geheime Rivalität. Jeder versuchte, den anderen irgendwie zu übertreffen, wobei dem Meister Erfahrung, Routine und eine unglaubliche Zähigkeit zu Hilfe kamen. Bei mir war es mehr die körperliche Kraft und die Energie der Jugend, die ich einsetzen konnte. Nicht zuletzt kamen mir aber auch die modernen, rationellen Arbeitsmethoden, die ich in Lindau erlernt hatte, zu Hilfe. Heute ist mir noch sein verdutztes Gesicht vor Augen, als ich den guten Meister Städele beim Verpflanzen im Tempo haushoch schlug. Er versuchte krampfhaft, bei meiner Arbeit nach einer Schluderei zu suchen, aber er war ehrlich ge-

nug, es anzuerkennen, daß keine vorhanden war, und er ließ sich meine »neumodische Methode« erklären.

Inzwischen stieg die Fieberkurve der Inflation immer höher. Die Meisterin, die den Laden der Gärtnerei betrieb, kam mit den Preisen nicht mehr mit und traute sich die Millionen und Billionen nicht mehr zu verlangen. Sie überließ letztendlich die Preisgestaltung mir, da ihr diese Forderungen unchristlich erschienen. Als sie im Juli, wie alljährlich, Kohlen für den Winter bestellte, konnte sie, als der Preis genannt wurde, zu dem Kohlenhändler nur noch entsetzt sagen: »Aber Sie wollet doch auch in den Himmel!« Ich selbst war von der Inflation insofern betroffen, als mein Wochenlohn noch nicht einmal ausreichte, mir ein Glas Bier zu kaufen, und es war ein Glück, daß ich bei meinem Meister in Kost und Logis war. Dabei träumte ich davon, mit der reizenden Nichte meines Meisters einmal groß auszugehen, wenn wir zum Öschlesee zum Baden fuhren. Aber das blieb ein Traum. Ich mußte froh sein, wenn das Geld zum Eintritt in die Badeanstalt reichte. Zum Trost ging es nicht nur mir so.

Als mich in diesem Sommer mein Vater besuchte, rechnete er mir vor, daß ich noch nicht einmal soviel verdiente, daß ich meine Kleidung ersetzen konnte und überredete mich, mit in der Ziegelei zu arbeiten. Meine Kündigung rief große Bestürzung hervor, und es gab einen rührenden Abschied von beiden Seiten. Ich kam mir wie ein Verräter vor, als ich die beiden lieben alten Leute verließ, die mich wie den eigenen Sohn behandelt hatten. Aber im Grunde mußte ich meinem Vater recht geben.

Als ich in Schussenried ankam, wartete schon Arbeit auf mich. Da der zweite Brennmeister entlassen werden mußte, wurde ich auf den Brennofen gesteckt. Der Aufenthalt auf dem Ringofen war mindestens für den Anfänger ziemlich ungemütlich. Man stelle sich eine Nacht in dem nach allen Seiten offenen Gebäude vor, in dem es mal da, mal dort knackt. Es ist wohl begreiflich, daß es einem 18jährigen Jungen mindestens in den ersten Tagen etwas bänglich zumute war. Es war eigentlich sonderbar, in der Gärtnerei ging ich nachts schon als 15jähriger durch sämtliche Gewächshäuser, um die Temperaturen zu kontrollieren, ohne das geringste dabei zu denken. Allerdings war da auch niemand, der mich veranlaßt hätte, Angst zu haben. Zu Hause am Familientisch freilich wurde von der besorgten Mutter immer wieder die Frage ventiliert, ob ich denn wirklich keine Angst hätte, und sie ließ es sich auch nicht nehmen, Zeitungsberichte über Überfälle aller Art mit Hingabe zu kommentieren. Aber bald machten mir die Einsamkeit und die mütterlichen Angstgefühle nichts mehr aus, denn ich hatte Ladendorfs Reisebibliothek entdeckt.

Ein Herr namens Ladendorf war am Ende des vorigen Jahrhunderts auf die treffliche Idee gekommen, Restauflagen von Büchern aufzukaufen. Diese Bücher konnten die Reisenden in vielen Hotels erstehen und am nächsten Ort in dem Hotel, das an Ladendorfs Reisebibliothek angeschlossen war, gegen einen kleinen Betrag umtauschen. Beim Verkauf des Hotels hatten meine Eltern diese Bibliothek behalten. So kam ich zu einer Bibliothek mit etwa 200 Bänden, die ein recht gutes Niveau hatte.

Da ich bisher während meines Gärtnerdaseins kaum ein Buch gelesen hatte, stürzte ich mich wie ein Verdurstender auf dieses Literaturangebot. Da der Brennofen alle zehn Minuten nachgeheizt werden mußte und das Nachlegen selbst zwei bis drei Minuten dauerte, konnte ich mich dazwischen sieben Minuten meinen literarischen Genüssen hingeben. Die Lektüre wurde zerhackt wie ein Zeitungsroman, bei dem man immer, wenn man so richtig in Schwung ist, auf ein »Fortsetzung folgt« stößt. Da eine Ziegelei mit ihrem Lehmstaub ziemlich schmutzig ist und der Kohlestaub und der Ruß aus dem Ringofen noch das ihrige taten, sahen die Bücher aus, als ob sie ein Kohlenbrenner in der Mache gehabt hätte. Zum Glück merkte es niemand in der Familie, weil ihr Bedarf an Ladendorf schon längst gedeckt war. Für mich war jedoch diese Bibliothek, die alle lizenzfreien Größen der Weltliteratur umfaßte, ein Bildungsmittel, das mir später außerordentlich zugute kam. So nahm ich es denn später auch gelassen hin, als meine barbarische Beschmutzung dieser Bücher entdeckt und entsprechend angeprangert wurde.

In meiner Freizeit betreute ich den Garten und das umfangreiche Obstgut des Betriebes. Körperlich war ich in dieser Zeit in der besten Verfassung. Ich trug zum Erstaunen meiner Eltern die Zweizentnersäcke des auf den Ziegeläckern geernteten Getreides mühelos die drei Stockwerke zum Kornboden hinauf. Die Folge dieser Körperkräfte war, daß vieles, was ich in die Hand nahm, zerbrach. Sogar zwei Türschnallen sind mir im Laufe der Zeit in der Hand geblieben. Das führte dazu, daß ich mich kaum noch traute, die Dinge richtig anzufassen.

Die Aussicht aufs Studium und auf den Misthaufen

Während meiner Tätigkeit auf dem Ringofen im Herbst 1923 endete die Inflation, die wirtschaftliche Lage besserte sich, und der Familienrat beschloß, daß ich Gartenbau in Weihenstephan studieren solle.

Es gab damals vier höhere Lehranstalten für Gartenbau. Die älteste war Berlin-Dahlem. Die kam für mich nicht in Frage, weil dort die mittlere Reife als Studienvoraussetzung vorgeschrieben war. Also standen noch Geisenheim am Rhein, Köstritz in Thüringen und Weihenstephan bei München zur Auswahl. Weihenstephan hatte sich gerade unter dem neuen Direktor Bickel zur höheren Lehranstalt gemausert. Wir Studenten waren damals eine ziemlich bunt zusammengewürfelte Gesellschaft, der eines gemeinsam war: Wir hatten alle sehr, sehr wenig Geld.

Die meisten waren aufgrund der überaus geschickt abgefaßten Prospekte der Lehranstalt nach Weihenstephan gekommen. In ihnen wurde das preiswerte Leben in Freising mehr angepriesen als der angeblich munter sprudelnde Born der Weisheit. Als Schlager der Saison wurde angekündigt, daß man in der Studentenküche um 25 Pfennig täglich essen könne, wobei das Frühstück fünf, das Mittagessen 15 und das Abendessen fünf Pfennige kosteten. Daß es diese mehr geldbeutel- als magenfreundliche Atzung nur von Montag bis Freitag gab, fand sicher aus Platzgründen in dem Prospekt keine Erwähnung. Diese Mensa war nach dem Kriege für die Studierenden der landwirtschaftlichen Hochschule und, als die Gartenbauschule eine höhere Lehranstalt und das Internat aufgelöst wurde, auch für de-

ren Studierende eingerichtet worden. Das Essen wurde in der Gutsküche zubereitet, die nach Aussage böser Zungen durch Zubereitung von Schweinefutter eine große Erfahrung auf dem Gebiet der Massenverpflegung hatte. Tatsache war, daß das Essen reichlich und für 15 beziehungsweise fünf Pfennige unwahrscheinlich preiswert war.
Der zweite »umwerfende Preisschlager« war Direktor Bikkels Studentenheim. Hier konnte man sage und schreibe für sechs Mark im Monat wohnen. Das Studentenheim befand sich in der ehemaligen Jägerkaserne. Die Schlafsäle waren mit je zehn Feldbetten bestückt. Als Schränke dienten alte Kommißspinde. Ein Schlafsaal war als Gemeinschaftsraum eingerichtet. Außerdem stand eine Kochgelegenheit zur Kaffee- bzw. Teebereitung zur Verfügung. Sei es wie es wolle, bei äußerster Sparsamkeit konnte man tatsächlich mit 15 bis 20 Mark im Monat durchkommen, und nahezu ein Drittel der Studierenden hat dieses Kunststück fertiggebracht.
Es war ja noch nicht einmal ein halbes Jahr her, daß die Inflation vorüber war, und die Ersparnisse fast aller Familien hatten sich in nichts aufgelöst. Es mußte also das ganze Studium aus dem laufenden Einkommen finanziert werden. Unter diesen Gesichtspunkten kann man diese sozialen Einrichtungen, die damals noch nicht so selbstverständlich waren wie heute, nicht genug rühmen. Freilich war es kein Vergnügen, zwei Jahre in einem Kommißschlafsaal zu kampieren, und die eintönige Massenverpflegung der Studentenküche war auf die Dauer kaum zu ertragen. Aber ein großer Teil der Gartenbaustudierenden war nur dank dieser Institutionen in der Lage, das Studium finanziell durchzustehen. Es gab damals weder das Honnefer Modell noch ir-

gendwelche anderen Stipendien, außer einem Nachlaß der Studiengebühren. Es ist übrigens auffallend, wie außerordentlich viele, die damals ihr Studium in Weihenstephan erhungerten, führende Leute im Gartenbau wurden.

Als ich nach Weihenstephan kam, zog ich zuerst auch in das Studentenheim, aber bald machte ich mich auf die Suche nach einer eigenen Bude. Diese Kasernierung war nicht nach meinem Geschmack. Bald entdeckte ich auch etwas Passendes im Hinterhaus einer Kohlenhandlung. Die ganze Wohnung, die ich mit einem Kommilitonen teilte, bestand aus einem Zimmer mit Kochherd, zwei Betten, einem Schrank, zwei Stühlen, einem Tisch und einem Schaukelstuhl. Wasser gab es auf dem Gang, die Waschschüssel konnte man auf den Tisch stellen, als Toilette diente der Kuhstall. Es ist noch nachzutragen, daß das Zimmer nur 15 Mark im Monat kostete, dazu kam noch der elektrische Strom mit zirka zwei Mark. Da wir zu zweit waren, entfielen nur 8,50 Mark auf jeden. Leider konnten wir dieses zwar nicht berückend schöne, aber äußerst preiswerte Quartier nur ein Semester behalten, da sich unsere Wirtin einen Bewerber um ihre zwar jungfräuliche, aber stark zugreifende Hand zugelegt hatte und das Zimmer selbst brauchte.

Es blieb uns nichts anderes übrig, als eine neue Bude zu suchen. Wir fanden sie dann auch im Mittleren Graben bei einer Witwe, die über ein kleines Häuschen, einen Kramladen, zwei Töchter und einen Sohn verfügte. Diese Witwe vermietete uns ein Zimmerchen im ersten Stock und eine Dachkammer. Wir benutzten das untere Zimmer als Wohn- und Studierraum und schliefen in der Dachkammer. Vor dem Zimmer war das Blechdach der Waschküche, das wir als Altane benutzten. Von dieser aus hatte man einen reizvollen Blick auf den Hofraum mit dem Misthaufen unseres kleinbäuerlichen Nachbarn. Bald entwickelte sich manch tiefsinniger Diskurs mit ihm, während er seinem Misthaufen ein festliches Aussehen zu verleihen suchte, denn er war im Begriff, sich erfolgreich und einträglich zu beweiben: »Woast, Herr Nachbar, i hab a Geldige gnommen aus der Hollerdau, a Geldige!« Worauf er mit schlauem Lächeln hinzufügte: »Derheirat ist leichter wie derspart.« Mit diesen Worten wandte er sich wieder hochbefriedigt seinem Misthaufen zu, seinem Glück nachsinnend. Auch wenn er Schillers Glocke nie auswendig gelernt, ja überhaupt nie etwas von ihr gehört hatte, so trafen die prophetischen Worte »mit dem Gürtel mit dem Schleier reißt der holde Wahn entzwei« in einem schrecklichen Maße auf ihn zu. Denn kaum 14 Tage nachdem er diesen ertragreichen Ehebund geschlossen hatte, wurde die Ehe durch eine Meinungsverschiedenheit getrübt, die er auf schlagkräftige niederbayerische Art zu bereinigen gedachte. Worauf zwei Tage später der Bruder seiner Holden auftauchte, ein Zweizentnermann wie ein Kühlschrank. Während unser Kleinbäuerlein eher zierlich, um nicht zu sagen mickrig genannt werden konnte. Das Geschwisterpaar band ihn auf den Tisch und seine Ehehälfte behandelte ihn nachdrücklich, wenn auch nicht gerade liebevoll, mit dem Ochsenziemer, bis er sich durch einen kühnen Sprung aus dem Fenster auf den Misthaufen retten konnte.

Mein Studien-, Zimmer- und Trinkgenosse Franz und ich hatten Gelegenheit, diese rührende Familienszene von unserem Blechdach aus zu beobachten. Als er sich wieder aufgerappelt hatte, riefen wir ihm die freundlichen Worte zu: »Gell, Herr Nachbar, derheirat ist leichter als derspart.«

Worauf er mit gerungenen Händen zu uns hinauf barmesierte: »Geh, hob i in Dreck neiglangt.« Als kluger Mensch fügte er sich bald in sein Schicksal, da er erkannte, daß er sonst von seinem wohlgebauten Schwager wesentlich mehr »Heiratsgut« ausbezahlt bekam als es ihm lieb war.

Die mittlere Reife und der Cutaway

Der Sohn meiner Hausfrau spielte für mich eine wichtige Rolle, denn er besuchte die Realschule in Freising. Warum das für mich wichtig war, werden wir bald sehen. Für das Studium an einer höheren Fachschule war eigentlich die mittlere Reife Voraussetzung. Da aber die frischgebackene Höhere Fachschule Weihenstephan keine Aussicht hatte, ausreichend Studierende mit der mittleren Reife zu bekommen, half man sich mit einem Trick. Das viersemestrige Studium wurde in einen niederen und einen höheren Lehrgang aufgeteilt. Für den niederen Lehrgang war die mittlere Reife nicht vorgeschrieben. An diesen schloß sich das dritte und vierte Semester als höherer Lehrgang an, den man allerdings nur mit dem Zeugnis der mittleren Reife besuchen konnte, es sei denn, man hatte die mittlere Fachreife zuerkannt bekommen. Diese Zulassung lag im Ermessen der Direktion und war vom erfolgreichen Besuch des niederen Lehrgangs im allgemeinen und dem Wohlverhalten während der zwei ersten Semester im besonderen abhängig. Die Erkenntnis dieser Abhängigkeit veranlaßte die Studenten ohne mittlere Reife zu einer geradezu krankhaften Ser-

vilität. Da mir dieses Verhalten aber auch bei größter Anstrengung nicht lag, war es mir spätestens im zweiten Semester absolut klar, daß ich auch bei bester Leistung kaum Aussicht hatte, der Vergünstigung der mittleren Fachreife teilhaftig zu werden. Deshalb kam ich auf die Idee, die mittlere Reife an der Realschule Freising nachzuholen.
Mein Filius hospitalis war guter Durchschnitt der fünften Klasse Realschule, und ich konnte mich über den Lehrstoff orientieren. Außerdem stellte er mir die Verbindung mit dem Primus der sechsten Klasse her. Zum Glück wollte dieser auch noch Gärtner werden und ließ sich von mir in dieser Hinsicht beraten. Gemessen an seinem Wissen und dem Lehrstoff der sechsten Klasse, mußte ich die mittlere Reife eigentlich schaffen. Allerdings machte ich mir über die Schwierigkeiten nichts vor. Als erstes suchte ich den Direktor der Realschule auf. Über seine Schwächen hatte ich mich vorher bei meinen beiden Informanten genauestens orientiert. Bei diesem Besuch benahm ich mich so seriös, als ob ich einer mißtrauischen Mutter ihre Tochter zu einem Couleurball entlocken wollte. Der Eindruck, den ich auf den Direktor machte, war denn auch durchaus befriedigend, und er gab mir die Adresse eines jungen Philologen, der meine französischen und englischen Kenntnisse vervollständigen sollte. Im Deutschen meinte er, wäre ich ja sehr gut. (Ich brillierte bei diesem Besuch mit den Weisheiten, die ich als Ziegelbrenner bei Ladendorf aufgelesen hatte.) Da ich in den Naturwissenschaften immer sehr gut war und auch in Weihenstephan einiges mitbekommen hatte, fehlte mir eigentlich nur noch Mathematik. Diese brachte mir besagter Primus der sechsten Klasse bei. Er empfand das sogar noch als Auszeichnung. Der Philologe erwies

sich als eine glänzend begabte, aber überaus leichte Haut, den seine krankhaft fromme Familie zwingen wollte, Pfarrer zu werden. Nachdem er ihnen seine erste Vaterschaft gestanden hatte, hatten sie diesen Versuch endgültig aufgegeben. Mit ihm paukte ich in den Weihnachtsferien Französisch und Englisch. Mitte Januar mußte ich mich auf die Abschlußprüfung für den niederen Lehrgang vorbereiten. Zu meinem Erstaunen fiel das Zeugnis weit besser aus, als ich erwartet hatte, ja ich lag weit vorne etwa an achter Stelle bei 80 Kandidaten. Trotzdem war mir mitgeteilt worden, daß ich im Hinblick auf die Genehmigung des Kultusministeriums zur Teilnahme an der Abschlußprüfung der Klasse 6 der Realschule in Freising nur als Hospitant im höheren Lehrgang der höheren Fachschule verbleiben könne, bis das Ergebnis der Prüfung vorliegt. Das war eine ziemliche Unfreundlichkeit, denn etwa 70 % der Kandidaten hatten wesentlich schlechtere Noten als ich und wurden anstandslos übernommen. Ich erhob keinen Einspruch, weil ich sofort den Vorteil erkannte. Als Hospitant hatte ich zwar keine Rechte, aber auch keine Pflichten. Das heißt, daß ich nicht zu Prüfungen zugelassen wurde, aber auch nicht zum Unterricht erscheinen mußte. So konnte ich einen Teil der Zeit zur Vorbereitung auf die mittlere Reifeprüfung verwenden. Im März fand nun diese Prüfung statt, und ich hatte ein ungewöhnliches Glück. In der schriftlichen Prüfung kamen Themen, die mir lagen oder bei denen ich richtig getippt hatte, und in der mündlichen Prüfung, die ich als außerordentlicher Teilnehmer in sämtlichen Fächern ablegen mußte, konnte ich mit Ausnahme der Sprachen und Mathematik auf meine Spezialgebiete ausweichen, so daß ich im ganzen einen unwahrscheinlich guten Durchschnitt erzielte. Die

Folge davon war, daß ich in einem Anfall von Größenwahn beschloß, auch noch die Reifeprüfung abzulegen, allerdings zu einem späteren Zeitpunkt. Hochgemut knallte ich mein Zeugnis in Weihenstephan auf den Tisch des Hauses, und aus dem Hospitanten wurde wieder ein ordentlich Studierender.

Die Überraschung über meinen Erfolg war überall sehr groß, denn niemand hatte geglaubt, daß ich diese Hürde so leicht nehmen würde. Meine Eltern waren so stolz, daß mir mein Vater sogar schrieb, ich könne mir an Ostern einen Cutaway bei einem Schneider in Schussenried anfertigen lassen. So viel Großzügigkeit war ich gar nicht gewöhnt. Ich ging ahnungslos zu diesem Schneidermeister, der in einem Dorf bei Schussenried wohnte. Als ich bei ihm eintraf, erfuhr ich, daß vor kurzem sein Haus abgebrannt war. Da war mir klar, warum ich den Cut erhalten sollte. Mein Vater wollte sich durch diesen Auftrag die Ziegellieferung für den Wiederaufbau sichern. Darauf ahnte ich Böses und mit Recht: Dieser »Stichologe« hatte den Ruf, der schlechteste Dorfschneider weit und breit zu sein, und sowohl mein Vater als auch mein Schwager verzichteten freudig darauf, das Opfer seiner Kunst zu werden. Der Cut geriet entsprechend, der oberste Knopf saß kurz unter dem Hals und der unterste an den Kniescheiben. Ein modebewußter Vetter empfahl mir dazu eine silbergraue Seidenweste als den letzten Modeschrei, und so zögerte ich nicht, als ich ein solches Stück im Schaufenster eines Freisinger Bekleidungshauses ausgestellt sah. Mit stolzgeschwellter Brust begab ich mich in dieser Bekleidung zur nächsten Tanzveranstaltung, wo ich offensichtlich viel Freude erregte und mir die Frage gestellt wurde, ob ich im Freisinger Klerikalseminar durchgebrannt wäre oder ob ich mich gerade anmelden wolle. Darauf öffnete ich mein mehr einem geschweiften Bratenrock ähnelndes Kleidungsstück, auf daß die Spötter von meiner Weste geblendet würden. Statt dessen feierte mich die ganze Gesellschaft jubelnd als Zirkusdirektor; ich hatte nämlich noch gar nicht bemerkt, daß eine Seite der Weste total verschossen war.

Während der Semesterferien hatte ich Gelegenheit, mich für den unmöglichen Cut zu rächen. Mein Vater war Kirchengemeinderat, meine Mutter Vorsitzende der Ortsgruppe des evangelischen Frauenbundes und meine Schwester Schriftführerin, mein Schwager weltlicher Gemeinderat, aber in erster Linie von den evangelischen Gemeindemitgliedern gewählt. Deshalb wurde von mir erwartet, daß ich mich am regelmäßigen sonntäglichen Kirchgang beteiligte. Daran war ich wiederum gar nicht interessiert, zumal mir der mit den Ämtern verbundene Aufwand an betontem Christentum in der Seele zuwider war. Ich ließ mich deshalb nur unter der Bedingung überreden, am Kirchgang teilzunehmen ohne ein demonstrativ gelangweiltes Gesicht zu machen, daß der gerade zur Wiederwahl stehende Kandidat mir einen Frühschoppen finanzierte. Das war eine Erpressung, die nur zähneknirschend von meiner Familie akzeptiert wurde.

Am Ende der Ferien vor dem vierten Semester hatte mein Vater eine großartige Idee. Da er noch ziemlich viel Most im Keller hatte, der ihm sauer zu werden drohte, erklärte er sich bereit, ein 200 Liter Faß nach Freising zu schicken, auf daß ich den ganzen Winter über einen Haustrunk hätte und meine Studien nicht durch abendliche Wirtshausbesuche unterbrechen mußte. Das Faß wurde zur Bahn gebracht und reiste als Frachtgut nach Freising. Dort holte ich es mit meinen begeisterten Kommilitonen in einem Leiterwägele ab. Wir waren nicht zu bremsen und stachen das Faß bereits am Bahnhof an, und unsere Kehlen blieben auch auf der Fahrt zu meiner Behausung nicht trocken, denn sämtliche Teilnehmer, etwa 80 Mann, waren mit den verschiedensten Trinkgefäßen bewaffnet, vom Maßkrug bis zum Stiefel und Trinkhorn. Allen Vorübergehenden wurde heftig zugeprostet, und soweit sie uns bekannt waren, wurden sie mit einem Trunk bewirtet. Auf der Polizeiwache des Rathauses luden wir die Ordnungshüter zu einem Versöhnungsschluck ein und konnten von ihnen nur mit Mühe davor zurückgehalten werden, auch dem Oberbürgermeister ein Schmollis zuzutrinken. Als wir in meinem Quartier im Mittleren Graben angelangt waren, löste sich der Zug auf. Das Faß wurde von einigen, die noch dazu imstande waren, auf ein vorbereitetes Faßlager im Hausgang gesetzt. Das war nicht allzu schwer, da inzwischen die Hälfte des Mostes ausgeschenkt war. Aber der Alkohol hatte bereits seine Wirkung getan, da die Teilnehmer dieser Fete den Most wie das alkoholarme bayerische Lagerbier tranken. Deshalb konnte das Fest auch nur noch im kleinsten Kreise in der Wohnstube unserer Hausfrau seinen Fortgang nehmen. Dabei hatte ich eine ganz besonders schlaue Idee. Auf ärztliches Anraten sollte meine Mutter zur Stärkung ihres Nervenkostüms »Kola-Dallmann« nehmen. Da ihr aber das Zeug nicht zusagte, blieb es liegen. Mein Vater als sparsamer Schwabe las mit Freude, daß die Tabletten auch bei geistiger Arbeit wertvolle Hilfe leisten und schenkte mir die ganze Packung. Ich hatte den Prospekt auch gelesen und war bei den Worten »bei alkoholischen Exzessen« hängen-

geblieben. Ich legte die Beschreibung so aus, daß man dadurch seine Trinkfestigkeit enorm steigern könne. Deshalb schlich ich heimlich auf meine Bude und schluckte gleich eine ganze Handvoll dieser Wunderpillen hinunter. Frohgemut griff ich wieder zum Becher und beschloß, alle unter den Tisch zu trinken. Von Viertelstunde zu Viertelstunde steigerte sich mein Tatendrang, nichts schien mir unmöglich. Bis ich zuletzt mit der Faust durch eine Fensterscheibe stieß mit den Worten: »Seht her, das macht mir gar nichts.« Als ich dann das Blut an meinen Händen sah, war ich völlig perplex, denn ich hielt mich für unverwundbar. Kleinlaut begab ich mich ins Bett, zutiefst über das Versagen meines Wundermittels enttäuscht.
So ging dieses letzte Semester heiter und unbeschwert dahin. Wegen des bevorstehenden Examens machte ich mir keine großen Sorgen, bereitete mich auch nicht übermäßig stark darauf vor. Meine Umgebung und ich waren deshalb gleichermaßen erstaunt, daß ich dabei trotzdem sehr gut abschnitt. Das bestärkte mich erneut in meiner Absicht, die Reifeprüfung nachzuholen und ein Universitätsstudium zu beginnen.

»Mönchlein, Mönchlein du gehst einen schweren Gang«

Nach dem Examen begab ich mich wieder nach Hause nach Schussenried, betreute die umfangreichen Obstanlagen, die als Tonreserve zur Ziegelei gehörten und die ich durch

Beerenobstanlagen noch erweitert hatte. Da in den letzten Jahren wenig an den Bäumen geschehen war, mußte ich viel Arbeit in ihre Pflege investieren.
Gleichzeitig nahm ich Verbindung mit der Oberrealschule in dem 30 km entfernten Ravensburg auf. Dort traf ich einen Klassenkameraden, der mit mir die Schulbank in der Realschule in Isny gedrückt hatte. Er hatte nach der fünften Klasse nach Ravensburg gewechselt und gerade die Reifeprüfung bestanden. Ihm kaufte ich seine Schulbücher ab. Dem überraschten Oberstudiendirektor der Ravensburger Oberrealschule teilte ich bei einem Besuch meine Absicht mit, im kommenden Frühjahr an der Reifeprüfung seiner Anstalt teilzunehmen. Um ihn zu beeindrucken, legte ich das Abschlußzeugnis von Weihenstephan vor. Leider hatte ich damit nicht den beabsichtigten Erfolg, da er mich über meine Kenntnisse in Algebra und höherer Analysis, seine Unterrichtsfächer in den Oberklassen, ausfragte, Fächer, in denen ich mich als chemisch rein erwies. Er äußerte an dem Erfolg meines Vorhabens heftige Zweifel, nannte mir aber einen Reallehrer, der ein guter Mathematiker und Pädagoge war. Anschließend suchte ich diesen auf, und da er gerade eine freie Stunde hatte, schlug ich ihm vor, sofort mit dem Unterricht zu beginnen. Überrascht ob soviel Ungestüm wandte er ein, daß er ja gar nicht vorbereitet wäre. Ich tröstete ihn mit dem Hinweis, daß ich mich auch nicht vorbereitet hätte, aber da ich nun schon in Ravensburg sei, wäre mit dieser Stunde eine Hin- und Rückfahrt gespart. Das leuchtete ihm ein und er begann, mich in die Geheimnisse der Algebra einzuweihen. Am Schluß nannte er mir einige Übungen, die ich bis zum nächsten Unterricht lösen sollte. Drei Tage später kreuzte ich wieder bei ihm auf und hatte zu

seiner Überraschung nicht nur die angegebenen Aufgaben gemacht, sondern gleich mit dem nächsten Lehrsatz begonnen und einige Aufgaben zu lösen versucht. Er protestierte gegen dieses unmethodische Vorgehen, aber mit dem Hinweis, daß ich fast mein ganzes Wissen im Selbststudium erlernt hätte, überzeugte ich ihn von meiner Arbeitsweise. In Zukunft erklärte er mir nur noch das, was ich nicht begriffen hatte. So war es möglich, den Unterrichtsstoff in den beiden Fächern in kurzer Zeit nachzuholen, und als die großen Ferien zu Ende waren, hatte ich in Mathematik den Anschluß an die neunte Klasse erreicht. Allerdings fehlte mir die Übung. Die Lehrsätze waren mir noch nicht in Fleisch und Blut übergegangen, sondern ich mußte mir jede Aufgabe bis ins kleinste überlegen.

Parallel dazu nahm ich Unterricht in Französisch und Englisch bei einem Studienrat, dem die fünfklassige Realschule in Schussenried unterstand. Hier machte mir nur die Grammatik Schwierigkeiten, da mir die Grundlagen fehlten. Aber auch hier gewann ich in einigen Monaten den Anschluß, so daß ich in der neunten Klasse zwar mehr schlecht als recht aber doch mitmachen konnte. Die Fächer Geschichte, Physik, Zoologie, Botanik und Literaturgeschichte machten mir viel Spaß, und so war das Abitur gar nicht so schwer wie man es sich vielleicht vorstellt.

Als ich nach den großen Ferien als außerordentlicher Schüler in die neunte Klasse aufgenommen wurde, kam ich also einigermaßen im Unterricht mit. Nur mußte ich feststellen, daß ich in der Auswahl der Schule einen Fehler gemacht hatte. Die Schüler der Oberklassen dieser Schule rekrutierten sich in der Hauptsache aus den Besten der kleinen Realschulen des gesamten Oberlandes von der Donau bis zum

Bodensee. Dadurch waren die Klassenleistungen überdurchschnittlich hoch. Zudem mußte ich mich an den Pennalbetrieb erst wieder gewöhnen, da in Weihenstephan ein hochschulähnlicher Studienbetrieb geherrscht hatte.
Durch Vermittlung eines Vetters fand ich eine gute Bude bei einem tüchtigen Schuhmachermeister, der nebst seiner Gattin um mein leibliches Wohl Sorge trug. Das Mittagessen verzehrte ich mit einigen anderen Pennälern im Abonnement in einem Gasthof. Weil sich diese Schüler einen männlichen Anstrich geben wollten, verzichteten sie großzügig auf die Süßspeise zum Nachtisch, sobald sie in Gesellschaft waren. Allerdings nicht ohne vorher eine Portion Pfeffer darauf zu streuen. Worauf sich meist nach kurzer Zeit an einem Nachbartisch ein empörter Gast über seinen scheußlichen Nachtisch beschwerte.
Nach Tisch gingen wir oft in eine nahegelegene Buchhandlung. Hier wurden wir bereits freudig erwartet, denn es gab stets eine lebhafte Plauderstunde, wobei für uns mancher interessante Literaturhinweis abfiel. Manchmal stöberten wir auch in dem Antiquariat der zweiten Buchhandlung der Stadt. Ihr Besitzer kaufte die von katholischen Landpfarrern hinterlassenen Bibliotheken auf, die manchmal neben den frommen Traktätchen recht interessante Bücher enthielten. Nicht wenig staunten wir, als wir eines Tages Bände von Karl May in die Umschläge frommer Erbauungsbücher gebunden fanden. Wir stellten uns mit viel Vergnügen vor, wie dieser Seelenhirte in seiner Gartenlaube sitzend, mit dem Erbauungsbuch in der Hand und ob seiner Frömmigkeit bewundert, Karl May las. Leider waren wir so töricht, den Besitzer auf dieses Kuriosum aufmerksam zu machen, der sich dann weigerte, es uns zu verkaufen.

Unter diesen Studien- und Speisegenossen war auch mein Freund Theophrastius, der gleich mir die Reifeprüfung nachholte. Allerdings hatte er die Aufnahmeprüfung in die neunte Klasse gemacht. Das machte die Sache wesentlich sicherer, weil der Jahresdurchschnitt der Noten mitzählte und er höchstens in drei Fächern eine mündliche Prüfung ablegen mußte. Wer gute schriftliche Arbeiten lieferte, war als ordentlicher Studierender vom Mündlichen sowieso befreit. Man kann sich deshalb leicht vorstellen, daß es mir, je näher der Prüfungstermin herankam, um so ungemütlicher unter dem Chemisett wurde, zumal sich außer mir nach Weihnachten kein Mensch mehr in meiner Klasse um die Nebenfächer kümmerte, da die Noten bereits festlagen. Zudem waren einige Nebenfächer bereits in der achten Klasse ausgelaufen. Da ich von dieser Klasse kein Zeugnis vorlegen konnte, mußte ich auch in diesen Fächern eine Prüfung beim Abitur ablegen, so daß mir neben den sechs schriftlichen noch elf mündliche Prüfungen bevorstanden. Ich stürzte mich deshalb mit einer solchen Entschlossenheit und Ausdauer auf den zu bewältigenden Stoff, daß ich während der schriftlichen Abitur-Prüfung einen Nervenzusammenbruch erlitt und restlos versagte.
Nach dieser schriftlichen Prüfung ließ mich der Oberstudiendirektor kommen, um mir schonend beizubringen, daß ich ein hoffnungsloser Fall wäre. Er war ein äußerst nobler und mitfühlender Mann, und es fiel ihm sichtlich schwer, mir die niederschmetternde Mitteilung zu machen. Sobald aber bei ihm die Gemütsbewegung überhand nahm, hatte er gewisse Sprachhemmungen. Als er deshalb anfing: »Ha-Habe große Hochachtung, f-fleißig gewesen, aber tr-treten Sie zurück, tr-treten Sie zurück«, konnte ich nur noch fra-

gen: »So schlimm?«, was mit einem monumentalen »F-Furchtbar!« beantwortet wurde. Inzwischen hatte ich meine Fassung wiedergewonnen und erkundigte mich noch nach den Vorteilen eines Rücktritts. Er erhob immer noch unter dem Eindruck der Schreckensbotschaft Daumen und Zeigefinger der rechten Hand und erklärte: »Dann können Sie noch z-zweimal.« Ich witterte irgendwie Morgenluft oder war auf dem totalen Wurstigkeitsstandpunkt angelangt; auf alle Fälle erklärte ich ihm, daß mein Vater sicher nicht noch zwei weitere Anläufe finanzieren würde. Deshalb könnte ich, wenn ich weitermachte, nur noch gewinnen. Wenn er meine Argumente auch nicht ganz einsah, schloß er die Unterhaltung doch mit den Worten »alle Achtung«. Mir kamen sie vor wie Frundbergs Worte an Luther: »Mönchlein, Mönchlein du gehst einen schweren Gang.« Und ein schwerer Gang ist es geworden.

Am Tag der mündlichen Prüfung war ich im Gegensatz zu den Tagen der schriftlichen Prüfung vollkommen unbeschwert und von einem starken kämpferischen Geist erfüllt. Auf die kniffligsten Fragen wußte ich eine einigermaßen befriedigende Antwort. An den immer schwerer werdenden Fragen spürte ich, daß ich auf Ausgleich der Minuspunkte des Schriftlichen geprüft wurde, und so war ich dann auch am Ende der festen Überzeugung, bestanden zu haben.

Als nach der Zeugniskonferenz der Pedell erschien, um mitzuteilen, wer an der Zeugnisverkündigung nicht teilzunehmen braucht, wurde mein Name nicht genannt, und ich betrat frohlockend den Konferenzsaal. Daß ich mich dabei in der vordersten Reihe befand, war kein Zufall. Das Ergebnis wurde uns in alphabetischer Reihenfolge unserer Namen mitgeteilt. Als hinter Schmid gleich Schuler und dann Sonntag kam, zog ich mich in die hinterste Reihe zurück, von wo aus ich den Oberstudiendirektor mit traurigen Augen ansah. Kaum hatte dieser jedoch auf meinen Blick eine beruhigende Handbewegung gemacht, befand ich mich wieder auf dem Vormarsch. Als dann der die Reifeprüfung überwachende Vertreter das Wort ergriff und mich ob meiner heute gezeigten Leistung reichlich mit Schokolade begoß, war ich schon wieder so weit nach vorne gerückt, daß mich nur das Podium, auf dem das Lehrerkollegium stand, daran hinderte, ihm in meiner Begeisterung auf die Füße zu treten. Noch von der Schule aus rief ich zu Hause an – der Oberstudiendirektor genehmigte das Telefongespräch persönlich –, um meine Familie von der bestandenen Prüfung in Kenntnis zu setzen. Auch meine Wirtsleute hatten mit mir gebangt, und als ich nach Hause kam, fuhr die kluge Hausfrau riesige Mengen Essen auf, da es für sie außer Zweifel stand, daß mir in der kommenden Nacht noch eine größere innere Waschung mit Alkohol bevorstand. Aber als wir uns am Abend im Nebenzimmer des Hotels Hildebrand zu einer zünftigen Kneipe versammelten, waren wir alle so abgekämpft, daß es gar nicht so arg wurde, wie wir vorgehabt hatten. In den folgenden Tagen wunderte ich mich, daß die Welt noch genauso aussah wie vorher, und daß sich im Grunde nichts geändert hatte. Bis mir die Erkenntnis dämmerte, daß auch das heißest ersehnte Zeugnis doch nur ein Stück Papier ist und man die wirkliche Reife täglich durch seine Leistung beweisen muß. Allerdings kam diese Erkenntnis wesentlich später, und vorerst öffnete dieses Zeugnis mir die Tore der Universität.

Fidele Studienjahre

So zögerte ich nicht, mich an der Universität München in der naturwissenschaftlichen Fakultät einzuschreiben.
Im Gegensatz zur Stadt München selbst gefiel mir der Studienbetrieb an der Universität überhaupt nicht. Man war dauernd auf Achse. Meine Studentenbude war bei einem Metzgermeister in der Blutenburgstraße, in der Nähe des Zirkus Krone. Die erste Vorlesung begann um Viertel nach sieben Uhr in der alten Akademie beim Neuhauser Tor; ich mußte mich deshalb um 6 Uhr 40 auf den Weg machen. Dann kam die Botanikvorlesung um Viertel nach acht Uhr in der Luisenstraße, mit hängender Zunge kam man gerade noch zurecht. Daran schloß sich die Chemievorlesung auf dem Gelände des ehemaligen Glaspalastes an. Der Weg dorthin war zum Glück etwas kürzer. Dafür mußte man von dort aus zur Zoologie- und Physikvorlesung zur Universität einen nahezu halbstündigen Fußmarsch zurücklegen. Hatte man noch am Nachmittag Übungen oder weitere Vorlesungen belegt, so konnte man ohne weiteres auf eine Tagesstrecke von 15 bis 20 Kilometer kommen.
Da ich die Münchner Verhältnisse von meiner Weihenstephaner Zeit kannte, hatte ich meinen Vater überredet, mir das in der Ziegelei vorhandene Motorrad zu überlassen. Eigentlich hätte ich gleich mißtrauisch werden müssen, als ich mit meiner Bitte leichten Erfolg hatte. Die Maschine war für die damaligen Verhältnisse äußerst elegant und schnittig gebaut, doch schon während der Fahrschule hatte ich ziemliche Schwierigkeiten, sie zum Laufen zu bringen und am Laufen zu halten, und es ist mir heute noch ein Rätsel,

wie ich mit diesem Bock durch die Prüfung gekommen bin. Trotz seiner 350 ccm holte ich aus dem Motorrad nicht mehr als 40 bis 45 Kilometer pro Stunde auf der ebenen Strecke heraus. Wenn ich einen Beifahrer auf den Rücksitz lud oder eine Bergstrecke fahren wollte, betrachtete das der Motor als eine Zumutung, die er grundsätzlich mit einem Streik beantwortete. Und wenn der Motor einmal streikte, tat er es mit der Gründlichkeit einer englischen Gewerkschaft. Der Motor beherrschte auch das Prinzip der Arbeitsteilung großartig. Ab und zu lief er, die meiste Zeit mußte ich selber laufen. Ich erkannte bald, daß ich meine Vorlesungen nur dann rechtzeitig erreichte, wenn ich das Vehikel zu Hause ließ.

Inzwischen hatte sich bei meinen Eltern wieder eine berufliche und wirtschaftliche Veränderung ergeben. Sie hatten sich zum Verkauf der Ziegelei entschlossen, da die Lehmqualität des Bodens ständig abnahm. Weil es stets der Wunsch meiner Mutter war, am Bodensee zu wohnen, kauften sie in Friedrichshafen ein Haus und bauten ein Feinkostgeschäft ein.

Als das Münchner Semester zu Ende ging, fuhr ich zu meinen Eltern nach Friedrichshafen. Ich verkaufte das streikfreudige Motorrad, nützte den neuen Wohnort und stieg auf ein Segelboot um. Zu diesem Zweck trat ich in den Königlich Württembergischen Jachtclub ein und erwarb eine alte Segeljolle, die kein anderes Clubmitglied mehr haben wollte. Sie nahm in ihrer Klasse das Prädikat für sich in Anspruch, das langsamste Boot zu sein. Bei der ersten Regatta, zu der ich mich stolz meldete, wurde mir die biblische Wahrheit »er trieb seine Gegner vor sich her« reichlich bestätigt. Als ich nämlich als letzter mit meinem Boot eintru-

delte, wurde mir als Trostpreis die Patronenhülse des Startschusses feierlich überreicht. Trotzdem habe ich diese lahme Ente sehr geliebt und verdanke ihr ungezählte wunderbare Stunden auf dem Bodensee. Das Boot hieß »Praxedis« nach der Griechin in Scheffels »Ekkehard«. Es war damals eine hübsche Sitte bei dem Jachtclub in Friedrichshafen, die Boote nach Gestalten aus diesem Roman zu benennen. So gab es eine Hadwig, den Ekkehard selber, Audifax, Wiborad und wie sie alle hießen. Daß mein Boot so langsam war, lag daran, daß es im Verhältnis zu seiner Segelfläche einen breiten und damit einen äußerst stabilen Rumpf hatte. Das war ein Glück für mich, da mein Unternehmungsgeist im umgekehrten Verhältnis zu meinem seglerischen Können stand. Der Wagemut, mit dem ich bei Sturm, wenn wesentlich größere Boote den Hafen aufsuchten, mit ein paar Gleichgesinnten auf den See hinaus segelte, hätte bei einem leichteren Boot zur Katastrophe geführt. So passierte es uns höchstens, daß die Wasserpolizei uns aufforderte, endlich in den Hafen zu verschwinden. Aber auch das kam selten vor. Die Polizisten hatten sich schon daran gewöhnt, die Praxedis bei Sturm draußen zu sehen und hielten mich irrtümlich für einen guten Segler.
Die Praxedis diente mir auch als eine Art Hausboot, als ich während meiner Ferien auf die Idee kam, meine Finanzen dadurch aufzubessern, daß ich Fachkurse für Gärtnergehilfen und -lehrlinge in den verschiedenen Bodenseestädten abhielt.
Als ich mein Studium plante, entschied ich mich für Naturwissenschaften, weil diese dem Gartenbau am nächsten verwandt waren. Um einen geeigneten Abschluß zu haben, dachte ich an die beiden Staatsprüfungen für das höhere

Lehramt. Dies war damals ein Berechtigungsexamen, und es bestand deshalb in Bayern ein Numerus clausus. Als Württemberger hatte ich also in Bayern keine Aussicht. Deshalb setzte ich im Wintersemester 1927/28 mein Studium an der Technischen Hochschule Stuttgart fort. Nach dem alten Spruch »Verwandte Brüder finden sich zu Wasser und zu Land« fühlte ich mich stark zur Landsmannschaft Saxonia hingezogen, deren Aktivitas im Vorstande des Asta, beim Hochschulsport und am Biertisch glänzend vertreten war. Außerdem hatten die Mitglieder dieser Studentenverbindung den Ruf, auf dem Paukboden ihren Mann zu stellen. Das alles schien mir gerade das richtige für mich. In diesem Kreise fühlte ich mich dann auch außerordentlich wohl. Im Gegensatz zu Weihenstephan, wo ich als Enfant terrible galt, fanden hier meine Ansichten und Streiche volle Zustimmung, wenn nicht sogar Beifall. Hier habe ich auch gelernt, meine Ansichten vorzutragen und zu vertreten. Hier lernte ich, einem Angriff im Convent zu parieren, einen guten Kompromiß zu schließen oder einen Beschluß selber zu formulieren. Auch das Fechten und die Mensuren waren für meine Entwicklung wertvoll. Es galt, vor den Hieben des Gegners nicht zu kneifen. Die Selbstbeherrschung, die ich dabei lernte, machte mich auch im späteren Leben in manchen Situationen zum Steher, in denen ich sonst kapituliert hätte. So halte ich auch heute noch die studentischen Korporationen für ein wertvolles Erziehungsmittel unserer studierenden Jugend. Im Sommersemester 1928 bezog ich die Alma mater Tubingensis. Bei der Suche nach einem geeigneten Quartier in Tübingen achtete ich besonders darauf, in der Nähe des Botanischen Instituts unterzukommen, da ich meinen Studienschwerpunkt auf

5 *Schon vor dem Krieg beherbergte die Wilhelma eine der bedeutendsten Kakteensammlungen Deutschlands*

6 *Unter Palmen wandeln*

7 *Die Viktoria regia im alten Gewächshaus*

8 Finanzminister Frank: »Die junge Löwin möge die Stammutter eines kräftigen Löwengeschlechts in der Wilhelma werden.«

9 *Ich brachte es nicht übers Herz, die »wilden Tiere« wieder verschwinden zu lassen*

die Botanik legen wollte. Das gelang mir auch, nicht zuletzt weil ich am Beruf meines Vermieters keinen Anstoß nahm. Er fuhr nämlich Leichentransporte im Auftrag der Universitätskliniken. Weil er die Verstorbenen oft bis nach Norddeutschland befördern und deshalb morgens frühzeitig starten mußte, holte er vielfach die Leichen am Spätnachmittag ab und stellte den Wagen in die Garage. Da mein Zimmer neben dieser Garage lag, hatte ich des öfteren einen Toten zum Nachbarn. Aber das störte mich nicht weiter, dagegen störte mich um so mehr, daß mein Hauswirt, ein an sich fleißiger Mann und guter Familienvater, Quartalssäufer war, der in betrunkenem Zustand ziemlich handgreiflich wurde. Deshalb beschloß ich, mich erneut auf Quartiersuche zu begeben. Zusammen mit einem Bundesbruder mietete ich mich im Souterrain eines Neubaus ein. Eine Tür unserer Zweizimmerwohnung führte gleich auf eine Terrasse, von der aus man einen herrlichen Blick über den Schloßberg und auf die Schwäbische Alb hatte.

Wir studierten in Tübingen in einer äußerst fidelen Weise, wobei wir rauschenden Festen, oder was wir dafür hielten, genausowenig aus dem Weg gingen wie ernster Arbeit. Außer den botanischen waren es hauptsächlich die zoologischen und die chemischen Praktika, die unsere Zeit ausfüllten. Ich hatte das Glück, mein chemisches Praktikum im Pharmazeutensaal zu absolvieren. Hier hatte ich nicht nur zwei Assistenten gefunden, mit denen ich mich ganz ausgezeichnet verstand, sondern auch noch ein paar entzückende Pharmazeutinnen, die mich mindestens so stark interessierten wie mein Lehrbuch der qualitativen Analyse.

Das Duell

Trotz unseres Arbeitseifers war uns geistlose Streberei verhaßt, besonders allergisch reagierten wir auf Kommilitonen mit ausgesprochenem Geltungsbedürfnis. Als sich deshalb der Fuchs einer befreundeten Verbindung als überdimensionierter Angeber entpuppte, beschlossen wir, ihm das gründlich auszutreiben.

Am nächsten Pauktag eröffnete ihm der Zweitchargierte, der damit das Amt des Fechtwarts bekleidete, daß der Zweitchargierte einer anderen Verbindung sich über ihn mokiert hätte. Aber, fügte er tröstend hinzu, er hätte ihn in seinem Namen gleich auf schwere Säbel gefordert. Der arme Angeber namens Benedikt erblaßte und übte in den folgenden Tagen wie ein Toller auf dem Hauboden. Nach 14 Tagen war es dann soweit. Bleich aber gefaßt ließ er sich bandagieren. Trotz seiner Aufregung fiel es ihm auf, daß die zum Schutz der Augen dienende Brille mit Watte verstopft war. Als ihm bedeutet wurde, das wäre bei Säbelpartien immer so, ließ er auch das über sich ergehen, obwohl er dadurch nichts mehr sehen konnte. So merkte er dann auch nicht, daß sein Säbel keine scharfe Klinge hatte und daß der Abstand von seinem Kontrahenten viel zu weit war, als daß dieser ihn auch nur mit der äußersten Spitze seines Säbels berühren könnte. Zum allgemeinen Gaudium annoncierte der Unparteiische diesen eigenartigen Waffengang mit den Worten: »Silentium für eine Embryonenpartie ersten Ranges.« Selbst da merkte der wackere Kämpfer in seiner Aufregung noch nichts. Er fuchtelte auf »Los« verzweifelt mit seinem Säbel. Hinter ihm standen zwei Studenten, der eine

war mit einem großen Kochlöffel bewaffnet, den er von Zeit zu Zeit mit aller Kraft auf das Haupt des Opfers schlug, der andere drückte einen blutigen, mit warmem Wasser getränkten Schwamm über dem Kopf des wackeren Streiters aus. Der Paukant glaubte natürlich, daß ihm das Blut in wahren Strömen aus vielen Wunden lief. Er atmete deshalb sichtlich auf, als das grausame Morden zu Ende war und er sich in die Hände des Arztes begeben konnte. Dieser, ein älteres Medizinsemester, rasierte ihm ein paar kräftige Streifen in seine Haarpracht und nähte ihm ein paar Hosenknöpfe auf seine Locken. Dann bekam der Patient einen schönen Wickelkopf, der stramm anlag, damit er auch ordentlich auf die Knöpfe drückte. Stolz schritt der Bene, wie wir ihn nannten, in den Paukraum, wo inzwischen die Bestimmungsmensuren begonnen hatten, und genoß die scheinheiligen Komplimente von Freund und Feind. Auf der anschließenden Kneipe fühlte er sich als Mittelpunkt der ganzen Gesellschaft, und wenn jemand seinen Wickelkopf berührte, damit die Knöpfe auch richtig drückten, rief er in bestem Stuttgarter Honoratiorenschwäbisch: »Bleib fei vo meine Schmiß weg!« Am nächsten Tag fuhr er sofort nach Stuttgart, um seine Gaisburger Landsleute, insbesondere die Schönen dieses Stadtviertels, mit seinem Heldenmut zu beeindrucken.
Soweit war nun alles gut, aber allmählich mußte die Stunde der Wahrheit kommen. Der Bene konnte ja nicht ewig seinen Wickelkopf über den Hosenknöpfen tragen. Dieses Problem wurde nach studentischer Tradition gelöst. Bei der nächsten Kneipe wurde er von uns gründlich mit Bier »abgefüllt«, und in dieser gehobenen Stimmung war er damit einverstanden, daß der Wickelkopf abgenommen wurde.

Als er seine Schmisse betrachten wollte und nur ein paar Hosenknöpfe in der gelichteten Lockenpracht sah, erfaßte ihn das heulende Elend, und es bedurfte der ganzen Überredungskunst seiner Freunde, ihn davon abzuhalten, sein Austrittsgesuch aus der Verbindung zu schreiben. Das war eine harte Kur, aber ihr Zweck war erreicht. Der gute Bene war von da an kein Angeber mehr, sondern ein ebenso bierehrlicher Student wie seine Bundesbrüder.

Nach einigen Semestern, als ich die allgemeinen Übungen und Vorlesungen besucht hatte, hielt ich es an der Zeit, mich um eine Doktorarbeit zu bemühen und wandte mich an den Ordinarius für Botanik, Professor Lehmann. Mit Rücksicht auf meine gartenbauliche Vorbildung betraute er mich mit Versuchen über die Kulturbedingungen der Insektivoren, das sind fleischfressende Pflanzen. Das war ein Thema, das meinen Freunden offensichtlich wesentlich mehr Spaß machte als mir selbst, denn zu jedem nur erdenklichen Festtag bekam ich Spinnen, Fliegen und alle möglichen und unmöglichen Insekten für meine »grünen Lieblinge« geschenkt. Mein Doktorvater erhoffte sich von dieser Untersuchung auch Aufschluß über die Frage, warum diese Pflanzen in seinem Botanischen Garten nicht wuchsen. Zur allgemeinen Überraschung wuchsen sie in meinen Versuchskulturen ganz ausgezeichnet. Aber gerade das war mein Pech. Ich konnte machen, was ich wollte, bei allen Versuchsanordnungen, die ich endlos variierte, gediehen sie gleich gut. Mit anderen Worten, ich konnte keine nachweisbaren Unterschiede aufzeigen. Ich konnte nur beweisen, daß die Pflanzen auf das Bodenmilieu verschieden reagierten. Aber das wußte man schon vorher, daß sie mit Vorliebe in saurem Boden gedeihen.

Das ganze Geheimnis ihrer Aufzucht war die sorgfältige Pflege. Das konnte natürlich nicht der Gegenstand einer wissenschaftlichen Arbeit sein.

Der Hauptgrund, die Arbeit zu beenden, war, daß die Zeit immer kritischer wurde. Die Arbeitslosigkeit nahm Ende der zwanziger Jahre auch unter den Akademikern zu, und ich erkannte rechtzeitig, daß ein Heer von Naturwissenschaftlern in den folgenden Jahren examensreif war. Ich hielt es für klüger, sobald als möglich Examen zu machen und beendete mit Einverständnis meines Professors im Sommersemester 1930 meine Arbeit als Zulassungsarbeit, mit dem Vorbehalt, sie später als Doktorarbeit auszubauen. Dazu kam es aber nicht mehr, da mich die Tätigkeit in der Wilhelma und den anderen Gärten derart ausfüllte, daß ich gar nicht mehr auf den Gedanken kam, diese wenig erfolgversprechende Arbeit noch einmal hervorzuholen.

Zum Endspurt wechselte ich nochmals von Tübingen an die TH in Stuttgart, um die letzten zwei Semester dort zu verbringen. Mir lag hauptsächlich daran, daß mich die Ordinarien der Naturwissenschaften kennenlernten, da das Examen äußerst schwierig zu werden versprach. Trotz der Examensvorbereitungen wurden es noch zwei schöne Semester mit meinen Bundesbrüdern und einigen Studienfreunden, die sich gleich mir auf das Examen vorbereiteten. Mit ihnen schloß ich mich zu einer Studiengemeinschaft zusammen, bei der wirklich intensiv gearbeitet wurde. Leider war ich der einzige, der die Prüfung auf Anhieb bestand, die anderen machten anschließend eine Drogistenlehre und gründeten oder übernahmen eine Drogerie. Es ging ihnen freilich später wirtschaftlich besser als denen, die das Examen bestanden hatten.

Während dieser beiden letzten Semester in Stuttgart hatte ich eine Bleibe auf der Mönchhalde gefunden. In dem Haus, in dem ich wohnte, befand sich zu ebener Erde eine Wirtschaft, der Mönchhaldenhof, in dem es einen vorzüglichen Most gab. Wir nannten ihn 10-Pfennig-Riesling, weil ein großes Glas dieses wohlschmeckenden Getränkes die bescheidene Summe von 10 Pfennigen kostete. Ich benutzte ihn des öfteren als Stärkungsmittel bei der ungeliebten und öden Arbeit der Examensvorbereitung. Ich liebte die Wissenschaft, aber das In-sich-Hineinfressen von Lehrstoff, den man im richtigen Augenblick möglichst unverdaut aber wortgetreu wieder herauswürgen mußte, war mir in der Seele ebenso zuwider, wie das Exerzieren auf einem Kasernenhof.

Ich war deshalb froh, als die Prüfung begann. Etwa 40 Kandidaten hatten eine Zulassungsarbeit eingereicht, etwa 30 davon stiegen ins Examen. Nach der schriftlichen Prüfung traten eine Anzahl zurück, nach der mündlichen Prüfung hatten zehn bestanden, darunter sieben männliche Kandidaten, außerdem hatten einige einen Schwanz, das heißt, sie mußten ein Fach im folgenden Jahr wiederholen.

Der Kandidat und die Alpenfaltung

Ich gehörte zu den zehn Glücklichen, die das Staatsexamen bestanden. Wir wurden der Wilhelmsoberrealschule in Stuttgart als Studienreferendare zur Ausbildung zugeteilt. Zwar hatten wir unser Examen nur in Botanik, Zoologie,

Chemie, Geologie und Geographie abgelegt und einen Nachweis, daß wir Physik belegt hatten, aber wir mußten trotzdem Französisch, Englisch und Deutsch in den unteren Klassen unterrichten. Physik lehrten wir sogar in der 7. und 8. Klasse. Das ging ganz gut, man mußte sich eben entsprechend vorbereiten. Am meisten Spaß machte mir der Geographieunterricht, da die Schüler, wenn man es richtig anpackte, begeistert mitgingen. Den größten Erfolg hatte ich in den Lausbubenklassen, vor denen meine Kollegen das Kreuz machten. Dagegen bekam ich mit den Musterklassen keinen Kontakt.

Als ich einmal in der 8. Klasse vertretungsweise Chemieunterricht erteilen mußte, machte ich die Sache wohl etwas zu lustig, denn bald schlug die Freude hohe Wogen. Wir hatten alle miteinander vergessen, daß unter uns der Physiksaal war, die Domäne des Oberstudiendirektors. Plötzlich öffnete sich die Tür, Oberstudiendirektor Beischer persönlich erschien und setzte sich auf eine der hinteren Bänke. Wir bekamen alle rote Köpfe, aber da der Allgewaltige nichts sagte, fuhr ich mit meinem Unterricht fort und erzählte die ebenso amüsante wie spannende Geschichte, wie Alfred Nobel zur Entdeckung des Dynamits kam, zu Ende. Anschließend stellte ich einige Fragen über den dargebotenen Lehrstoff. Als ich festgestellt hatte, daß er trotz allem Jux von den Schülern richtig aufgenommen worden war, führte ich die Klasse wie Zirkuspferde vor. Die Buben machten prima mit, und nach einer Viertelstunde verließ uns der Oberstudiendirektor genauso stillschweigend wie er gekommen war. Diese Unterrichtsstunde wurde von ihm nie erwähnt. Lediglich als ich ihn später bat, mir ein kleines Zwischenzeugnis für meine Bewerbung um die Leitung der

Wilhelma auszustellen, stand darin unter anderem folgender Satz: »Er verstand es, den Unterricht humorvoll zu gestalten.« In diesem Jahr an der Wilhelmsoberrealschule hatte ich Oberstudiendirektor Beischer in seiner väterlich gütigen Art und ob seiner achtungheischenden Persönlichkeit schätzengelernt.

Wöchentlich zweimal hatten wir ein Seminar über Psychologie und Pädagogik im Eberhard-Ludwig-Gymnasium. Wir gingen gemeinsam von der Wilhelmsoberrealschule dorthin. Nun gehörte einer von uns Referendaren der Kommunistischen Partei an, was uns weiter nicht störte, da er nie versuchte, uns von seinen Idealen zu überzeugen. Aber es störte uns um so mehr, daß er sein Parteiabzeichen ansteckte, sobald er die Schule verließ, und seine vorbeigehenden Genossen mit erhobener Faust grüßte. Da die anderen sich wohl darüber ärgerten, aber nichts sagen mochten, erbot ich mich, ihm das abzugewöhnen.

Ich entlieh mir von einem Bundesbruder, der Mitglied der NSdAP war, ein Parteiabzeichen und ließ mir den damals noch ziemlich unbekannten Hitlergruß beibringen. Als wir dann wieder zum Eberhard-Ludwig-Gymnasium starteten und der Kommunist sein Parteiabzeichen hinter dem Revers hervorholte, heftete ich mir das Naziabzeichen an. Jedesmal wenn er nun die geballte Faust erhob, schnellte meine Hand zum Hitlergruß nach vorne. Man merkte deutlich, wie ihm das peinlich war, und er versuchte diskret, sich von mir zu distanzieren. Das gelang ihm aber nicht, denn ich hing wie eine Klette an ihm. Als wir den Rückweg antraten, war unser Kommunist verschwunden. Bei unserer Ankunft in der Schule erklärte ich ihm, daß ich gar nicht der NSdAP angehöre und das »Bröschle« nur entliehen hätte, um ihm zu zeigen, wie unangenehm die Grüßerei für die anderen wäre. Deshalb würde ich ihm vorschlagen, daß er sein »KP-Bröschle« in unserer Gegenwart genauso hinter dem Revers ließe wie in der Schule auch.

Jeden Samstag waren wir während des Vormittags in der Landesanstalt für Physikunterricht. Ihr Schöpfer, Professor Wildermuth, war ein großartiger Mann. Später verband mich mit ihm eine jahrelange Freundschaft. Er brachte uns das bei, was den jungen Akademikern am meisten fehlt, nämlich Verständnis für eine gute handwerkliche Arbeit. Hier lernten wir ebenso einen rechten Winkel feilen wie die Benutzung einer Bohrmaschine, Eisensäge oder Fräse. Dazu lehrte er uns die einfachste und damit für die Schule eindrucksvollste Art, eine Versuchsanordnung aufzubauen. Ich hätte ohne seinen Unterricht vieles im Märchengarten in Ludwigsburg wesentlich schlechter gemacht. So lohnten sich die Hinweise dieses inzwischen schon längst verstorbenen Pädagogen noch oft in meinem Leben. Da diese Landesanstalt am Rande der Wilhelma lag, kam ich des öfteren in diesen Garten, ohne zu ahnen, daß ich hier einmal wirken würde.

Aber das sollte sich bald ändern. Durch den Vater eines Studienfreundes erhielt ich den Wink, daß die Stelle des Leiters der Wilhelma zum Frühjahr neu besetzt würde, da der bisherige Stelleninhaber altershalber ausscheiden würde. Merkwürdigerweise erschien die Ausschreibung in einem völlig unbedeutenden Gärtnerblättchen. Aber das war mir gerade recht, denn im Frühjahr 1933 war die Arbeitslosigkeit so groß, daß sich auch um die kleinste Stelle ein Heer ausgezeichneter Experten bemühte. So war es auch hier. Trotz der Tatsache, daß die Stelle mehr als schäbig dotiert war – es wurde in der Ausschreibung nicht einmal ein Monatsgehalt, sondern ein Tagegeld von DM 7,50 angeboten –, hatten sich über 70 zum Teil hervorragende Fachleute, die ausgezeichnete Zeugnisse vorweisen konnten, beworben. Daß ich trotzdem den Sieg davontrug, war in erster Linie darauf zurückzuführen, daß ich es innerhalb von 8 Jahren vom Gärtnerstift ohne mittlere Reife zum Studienassessor gebracht hatte. Es war ein großes Glück für mich, daß kein Gartenbaufachmann die Auswahl traf, sondern Verwaltungsbeamte und ein Forstmeister, sonst hätte ich bestimmt keine Aussicht gehabt.

So war ich auf einmal fast der einzige, der mit großer Ruhe die zweite Dienstprüfung ablegen konnte, da ich bereits meinen Anstellungsvertrag in der Tasche hatte.

Deshalb stieg ich äußerst wohlgemut in die zweite Dienstprüfung mit dem schönen Gefühl, daß es das erstemal nicht mehr »um die Wurst ging«. Es klappte auch alles recht ordentlich. In der mündlichen Prüfung fiel mir rechtzeitig etwas Brauchbares ein, und in den Lehrproben gelang es mir, die Schüler mitzureißen und die Prüfungskommission von meiner Qualität als Lehrer zu überzeugen. Aber da nahte zuletzt doch noch das Verhängnis in Form der Chemielehrprobe. In dieser Stunde wollte ich eine ganz besondere Schau abziehen und baute Versuche auf, die für eine ganze Varietévorführung nahezu abendfüllend gewesen wären. Da erscholl aus der Kommission eine Stimme »Herr Kandidat, könnten sie das nicht auch auf der Tafel ausrechnen, die Schüler hätten wesentlich mehr davon«. Geistesgegenwärtig erwiderte ich: »Das halte ich auch für gut, aber mit Rücksicht auf den Ablauf der Versuche habe ich das für die nächste Stunde vorgesehen.« Ich hoffte, daß ich damit die ge-

fährliche Klippe umschifft hätte. Aber weit gefehlt. Ich übersah, daß dieses Kommissionsmitglied ein alter Schulmeister war, den man nicht davon abbringen konnte, auch noch das Würzelchen des Würzelchens zu ergründen. So mußte ich denn die chemischen Formeln an die Tafel schreiben und die ganze Berechnung durchführen. Aber gerade davor graute es mir wie dem Teufel vor dem Weihwasser. Ich konnte nämlich alles, nur nicht an die Tafel schreiben, und wenn ich dabei noch rechnen sollte, so war es bei mir ganz aus. Zu allem Unglück war ich auf diesen Punkt nicht vorbereitet. Kein Wunder also, daß ich bei der Rechnung vollkommen durcheinandergeriet. Die Schüler amüsierten sich zwar köstlich, aber das wurde mir von den Prüfern nicht als Verdienst angerechnet. Ich wurde nervös, und so gingen auch die Versuche restlos daneben. Damit konnte ich wenigstens einen Superlativ für mich buchen, nämlich den, die schlechteste Lehrprobe unseres Jahrgangs gehalten zu haben. Da die übrigen Lehrproben recht ordentlich verlaufen waren, und ich auch sonst beachtlich abschnitt, hatte ich zwar bestanden, mußte aber diese Lehrprobe im folgenden Jahr wiederholen. Mit anderen Worten, ich hatte einen Schwanz. Das war für mich weiter nicht schlimm, denn ich hatte ja meine Stellung und konnte ein Jahr später in ein paar Tagen Urlaub die Scharte auswetzen.
Im folgenden Jahr wählte ich statt Chemie Geologie. Dies war nach der Prüfungsordnung möglich, und ich vermied auf alle Fälle, daß ich mich wieder an der Tafel produzieren mußte. Aber auch diese Spekulation wäre beinahe danebengegangen, denn gerade der Professor, der mich in der geplatzten Lehrprobe durch seine Forderung in Schwulitäten brachte, mußte das Thema meiner Lehrprobe benennen.

Er wollte von mir das Thema Alpenfaltung erläutert wissen. Da mir bekannt war, daß er großen Wert auf die sogenannte Deckentheorie legte, die er sicher an der Tafel demonstriert haben wollte, mußte ich mir etwas einfallen lassen, das ihn so faszinierte, daß er gar nicht auf die Idee kam, von mir zu verlangen, eine minderwertige Kleksographie an die Tafel zu zaubern. Verzweifelt zermarterte ich mein Hirn. Die erlösende Idee kam mir, als er bei einem Vortrag vor der Gesellschaft für Vaterländische Naturkunde die Bemerkung machte: »Bei der Geologie sollte man viel mehr mit dreidimensionalen Modellen arbeiten.« Während ich sonst nach Vorträgen ein fröhliches Beisammensein sehr zu schätzen wußte, stürzte ich mich an diesem Abend in die Stammkneipe eines mir befreundeten Bildhauers. Zum Glück erwischte ich ihn und zwang ihn fast mit Brachialgewalt, mir auf der Stelle in seinem Atelier zu zeigen, wie man aus einem Tonblock ein Bergmassiv mit dem Modelliermesser herausschneidet. Da wir uns gut verstanden, ging er auf meinen Wunsch ein. Ich ließ mich ein paar Tage in der Wilhelma beurlauben und knetete und modellierte wie ein Besessener drauflos. Bald konnte ich die Formen eines Gebirgszuges in etwa fünf Minuten aus einem Tonblock herausschneiden, und die Lehrprobe schien mir gesichert. In der Unterrichtsstunde erläuterte ich dann den Schülern zuerst anhand von Schautafeln den Vorgang der Alpenfaltung. Danach erklärte ich ihnen dieses geologische Problem an einem Modell. Zu diesem Zwecke hatte ich verschiedenfarbige Plastilinschichten auf Seidenpapierstreifen aufgetragen, die ich wie die Ablagerungen der einzelnen Erdzeitalter übereinanderlegte und so gegeneinander verschob und auffaltete, wie es vor Jahrmillionen mit den Alpen geschehen war. Die

Haupt- und Seitentäler der Flüsse schnitt ich mit dem Modelliermesser aus dem Plastilinblock heraus. Zum Entzükken des Professors waren in kürzester Zeit die Struktur des Gebirgsmassivs und auch die geologischen Schichten in ihrer neuen Lage deutlich sichtbar. Damit hatte ich bei ihm gewonnen, er war mir von Stund an sehr geneigt, und der Schwanz war natürlich auch beseitigt.

Der Amtsschimmel wiehert

Am 1. Mai 1933 trat ich meine Stellung als Leiter der Wilhelma an. Damit kam ich in einen Bereich, der vom Typ des Hofschranzen geprägt war. Das beliebte Gesellschaftsspiel hieß Intrige, und demzufolge intrigierte und konspirierte jeder gegen jeden. So war 1926 der damalige Direktor der württembergischen Staatsgärten unschönen Machenschaften zum Opfer gefallen, und meinen Vorgänger als Leiter der Wilhelma hätte eine solche Gemeinheit beinahe die Pension gekostet. Ich freute mich, als es mir gelang, die Unwahrheit der gegen ihn gerichteten Behauptungen nachzuweisen.

Es dauerte dann auch nicht lange, bis gegen mich die ersten Intrigen gesponnen wurden. Wenn im Laufe des Frühjahrs die Azaleen, Kamelien und zahlreiche andere Pflanzen aus den Gewächshäusern ins Freie gebracht wurden, machten diese Gewächshäuser einen so traurigen Eindruck, daß es nicht verwunderlich war, daß die Wilhelma keine Besucher hatte. Wer sollte auch so töricht sein und Geld und Zeit opfern, um unschöne, ausgeräumte Gewächshäuser zu »bewundern«. Deshalb faßte ich den Plan, in der Zeit des deutschen Turnfestes in der Wilhelma eine Blumenausstellung durch die württembergischen Gärtner zu veranstalten. Das durfte ich natürlich nicht ohne Genehmigung der vorgesetzten Dienststelle. Diese war das Staatsrentamt Stuttgart, das seinerseits der Bauabteilung des Finanzministeriums unterstand. Ich unterbreitete also meinen Vorschlag einem alten Hofrat, der im Staatsrentamt als Referent für die Gärten zuständig war. Nach kurzer Rücksprache mit dem Schloßgarteninspektor begrub er, wie zu erwarten war, den Plan in den Akten.

Nun hätte ich eigentlich resignieren sollen, aber das tat ich nicht, sondern teilte mein Vorhaben einem Gönner, Forstmeister Feucht, mit, der es dem Finanzministerium zur Kenntnis brachte. Den Beamten der Bauabteilung leuchtete es ein, und das Staatsrentamt wurde angewiesen, meinen Plan vorzulegen. Daß ich mir dadurch den Hofrat nicht zum Freund gemacht hatte, versteht sich von selbst. Es begann dann auch eine Verzögerungs- und Hinhaltetaktik mit allen kameralistischen Spielregeln und Kniffen. Da ich etwas Derartiges schon ahnte, nahm ich auf eigene Verantwortung die Verhandlungen mit einer Anzahl führender Gärtnereien des Landes auf. Sie waren alle bereit, an dieser Ausstellung teilzunehmen. So war alles bereits fix und fertig, als eine Woche vor Beginn der Ausstellung endlich die Genehmigung dazu kam. Zum Glück hatte ich auch ein Plakat vorbereitet, es mußte nur noch der Druckauftrag erteilt werden, was ich ohne weitere Rückfragen sofort tat. Vier Tage später hing das Plakat an den Litfaßsäulen von Stuttgart und Umgebung. Um zehn Uhr morgens erhielt ich dann auch einen erregten Anruf des bereits erwähnten Hofrats. Hofrat: »D-do h-hängt ein Pla-Plakat!« Schöchle: »Wo?« Hofrat: »An den Li-Litfaß-s-säulen, wo, wo i no net ge-gesehen habe.« Schöchle: »Dann schicke ich Ihnen gleich eines zu.« Hofrat: »Net nötig, net nötig! Muß zuerst ge-genehmigt werden.« Ich erklärte darauf, daß es dazu zu spät wäre, denn die Plakate hingen schon, und außerdem wäre es höchste Zeit gewesen, weil zwei Tage später die Ausstellung beginnen würde.

Zusammen mit der Genehmigung der Ausstellung wurden mir eine Anzahl Formulare eines Vertrages übersandt, der mit den Ausstellern abgeschlossen werden sollte. Dieser Vertrag hatte es in sich; jeder Absatz endete mit einer unfreundlichen Wendung wie »haftet der Aussteller« – »kann nicht gestattet werden« – »ist verboten« – »hat der Aussteller zu tragen«. Um doch noch etwas Positives in diesem Elaborat anzuführen, stand am Ende der großmütige Satz: »Lediglich die Abgabe von Gießwasser kann unentgeltlich erfolgen.« Daß ich mich hütete, ein solches Papier den Ausstellern in die Hand zu drücken, ist begreiflich, denn dann wäre die Ausstellung geplatzt.

Außerdem forderte mich der Hofrat auch auf, ihm sämtliche Gärtner mitzuteilen, mit denen ich verhandelte. Vorsichtshalber nannte ich vorerst nur drei Namen von Gärtnern, auf die ich mich verlassen konnte. Prompt erschien bei allen dreien der Schloßgarteninspektor, der mit dem Hofrat korrespondierte, und riet ihnen dringend ab, sich an der Ausstellung zu beteiligen. Die Folge war, daß mein Vorgesetzter nur noch die Firmen erfuhr, die abgesagt hatten oder an deren Beteiligung mir nichts lag. Mit der ersten Pressekonferenz kam die Stunde der Wahrheit. Am nächsten Morgen klingelte wieder das Telefon, erregt stotterte der Hofrat: »D-do sind ein Ha-Haufen A-Aussteller in der Zeitung, ho-hont die Kerle scho u-unterschriebe?« Ich versicherte, daß sie das keinesfalls hätten. Worauf er ins Telefon rief: »Lo-lont se blos koin rei, lo-lont se blos koin rei, sonst saget die, de-des goht uns ga-gar nix a.« Ich wies darauf hin, daß es sich bei den Ausstellern um Weltfirmen handelt, und daß es schließlich auch Treu und Glauben gibt. »Treu und Glauben hin, Treu und Glauben her, b-bei da Akte muß ma's hon, an ha-halber Akt isch meh wert als zehn T-Treu und G-Glauben.«

Bei dieser Gelegenheit hatte ich eigentlich gegen alle Dienstvorschriften verstoßen, aber die Ausstellung war ein unwahrscheinlicher Erfolg; die vorher kahlen Gewächshäuser waren in ein Blütenparadies verwandelt und die Menschen drängten sich auf den Wegen der Wilhelma. Die Presse, die bisher kaum Anlaß hatte, von der Wilhelma Kenntnis zu nehmen, druckte lange Artikel, und der Rundfunk brachte seine erste Sendung aus der Wilhelma.

Diese Sendung sprach »das Gretle von Strümpfelbach« mit dem bürgerlichen Namen Sophie Tschorn. Auch in den folgenden Jahren besuchte sie mich häufig mit dem Mikrophon, um über den Rundfunk von der Wilhelma und ihren blühenden Bewohnern zu erzählen. Damit erwies sie der Wilhelma und mir manchen trefflichen Dienst.

Leider wurde mir die Freude an der Arbeit weiterhin getrübt, da auch der Schloßgarteninspektor seine Versuche nicht aufgab, mich unmöglich zu machen. Er hatte eigentlich seinen Neffen für den Posten des Wilhelma-Direktors ausersehen, und er war auch dafür verantwortlich gewesen, daß diese Stelle in dem zweitrangigen Gartenbaublättchen ausgeschrieben worden war. Sein Ränkespiel trieb er so munter, daß ich mich im folgenden Frühjahr einer handfesten Anklage gegenübersah, gespickt mit den übelsten Verdächtigungen. Als sich seine Anschuldigungen als vollkommen haltlos und erfunden erwiesen, war er demaskiert und völlig isoliert.

Diese ständigen Intrigen hatten schon 1926 dazu geführt, die Gartendirektion aufzulösen, und die einzelnen Abteilungen verschiedenen Inspektionen, Rentämtern und Bauämtern zu unterstellen. Um die frühere Organisation gründlich zu zerschlagen, löste man damals sogar die Anlagenaufseher aus dem Verband heraus und unterstellte sie dem Hausverwalter des Kunstgebäudes. Der Wasserwärter und die Wegarbeiter der Wilhelma gehörten zum Bezirksbauamt. Die gärtnerische Betreuung des Rosensteinparks lag in den Händen des Leiters der Wilhelma, und der Meiereiverwalter unterstand dem Staatsrentamt. Es hat mich in den nächsten Jahren viel Zeit und Kraft gekostet, in Stuttgart eine einheitliche Gartenbauverwaltung zu schaffen.

Inzwischen hatte sich einiges getan. Ich wurde von der Hochschule Hohenheim zum Leiter der Gartenbauschule vorgeschlagen. Vom Reichsstatthalter Murr wurde der Vorschlag zurückgewiesen, trotzdem hielt das Kultusministerium daran fest. Es nützte nichts, denn Murr ernannte aus eigener Machtvollkommenheit einen anderen Bewerber. Es handelte sich dabei allerdings nicht um einen Günstling des neuen Regimes, sondern es war mein hochgeschätzter Lehrer, Landwirtschaftsrat Sander.

Angesichts der weiteren politischen Entwicklung war ich froh, daß ich nicht nach Hohenheim berufen worden war, denn bei meiner Querköpfigkeit hätte ich als Lehrer bestimmt erhebliche politische Schwierigkeiten bekommen. Deshalb schrieb ich dem Kultusministerium auch ab, als ich aufgefordert wurde, wieder zum Lehramt zurückzukehren. Zufällig hatte mir ein Studienfreund einen Artikel der Reichssturmfahne gezeigt. Hier wurden in einer niederträchtigen Weise die Lehrer veräppelt. Ich klebte das Pamphlet auf die Rückseite des Schreibens des Ministeriums und schrieb darunter: »Nein, solange so etwas möglich ist.« Danach erhielt ich keine Aufforderung des Kultusministeriums mehr. Aber bei der nächsten Versammlung des Vereins für vaterländische Naturkunde bedankte sich der Referent des Ministeriums im Vertrauen bei mir und erklärte, daß ich dem Ministerium damit sehr geholfen hätte, wenn man auch nicht darüber sprechen dürfe. Da wußte ich, daß ich hier einen Freund gewonnen hatte.

Das Dornröschen wird wachgeküßt

Die verschiedenen Möglichkeiten, mich durch einen Wechsel erheblich zu verbessern, hielten mich nicht davon ab, die Wilhelma gründlich umzugestalten. Es war nämlich eine merkwürdige Sache mit diesem Garten. Die Wilhelma hatte seit der Zeit des ersten Hofgärtners Johann Baptist Müller einen regelrechten Dornröschenschlaf geschlafen. Es waren sehr brave und ordentliche Hofgärtner am Werk, die ebenso brave und ordentliche Gärtner beaufsichtigten, aber um Gottes willen das eingefahrene Gleis nicht verließen. Im Frühjahr wurde an einem bestimmten Tage mit dem

Ausräumen der Gewächshäuser begonnen, und an einem gleichfalls bestimmten Tage im Herbst wurden die Gewächshäuser wieder eingeräumt. Jede Pflanze hatte ihren angestammten Platz im Freien wie im Gewächshaus. Diesem ruhigen Betrieb entsprach es denn auch, daß sich die Belegschaft jeden Morgen sammelte und der Direktor anhand einer Liste die Namen aller Beschäftigten aufrief, die ihrerseits mit einem mehr oder weniger militärischen »Hier« ihre Anwesenheit kundtaten. Anschließend ging man auseinander, da der Laden so eingefahren war, daß jeder genau wußte, was er zu tun hatte oder wenigstens tun sollte. Ich beobachtete diesen Betrieb einige Zeit und benutzte dann die Gelegenheit der Blumenausstellung zum deutschen Turnfest, um Arbeitsgruppen zusammenzustellen. Dazu waren natürlich vorher Arbeitsbesprechungen mit den einzelnen Obergärtnern nötig. Da es sich bei dieser Ausstellung um eine einmalige Sache handelte und sie doch recht stolz auf ihre Wilhelma waren, arbeiteten sie freudig mit, und als die Ausstellung ein großer Erfolg wurde, war das Eis endgültig gebrochen.
Den nächsten Schritt zur Umorganisierung tat ich damit, daß ich ein schönes Kakteen- und Sukkulentenhaus in den hohen Gewächshäusern links des maurischen Landhauses einrichtete. Dabei benutzte ich die Gelegenheit, eine Anzahl wunderschöner Schaupflanzen zu erwerben, die von den württembergischen Gärtnern bei der Ausstellung gezeigt worden waren. Unsere ganze Belegschaft war überrascht, wie hervorragend die Pflanzen in der neuen Anordnung zur Geltung kamen. Sie nahmen deshalb gerne die damit verbundenen Anstrengungen auf sich.
Überhaupt muß ich sagen, daß ich in der Wilhelma erstaun-

lich gute und zuverlässige Mitarbeiter antraf, man mußte sie nur zu nehmen wissen. Unter der Devise »nur nichts Neues« waren sie unverschuldet in einen äußerst gemütlichen Trott hineingeraten. Im Grunde hingen sie mit einer weit größeren Liebe an ihren Pflanzen und der Wilhelma, als man bei einem derart müden Laden erwarten konnte. Es ging ein Aufatmen durch die Reihen, daß sich mit meinem Dienstantritt endlich etwas tat. Ich hatte mich in eine große Begeisterung hineingesteigert und war so fasziniert von meiner Arbeit, daß ich jeden Tag vom Feierabend überrascht wurde. Ich kam mir vor wie ein Pferd, das lange Zeit eingesperrt war und sich nun endlich austoben konnte. Zu meiner großen und freudigen Überraschung konnte ich feststellen, daß wirkliche Idealisten unter den Wilhelma-Gärtnern waren. So fuhr der Orchideenobergärtner Scherer alljährlich in seiner Freizeit auf eigene Kosten nach München, um vom Botanischen Garten Orchideensämlinge für die Wilhelma zu ergattern, die ihm auch in großzügiger Weise überlassen wurden. Besonderen Eindruck machte auf mich der Kakteenobergärtner Bauer. Als großer Kakteenkenner hatte der frühere Direktor Alwin Berger durch zahlreiche Aussaaten die Grundlage für eine wertvolle Kakteen- und Sukkulentensammlung gelegt. Nach seinem Ausscheiden bestand kein Interesse mehr an dieser Sammlung, im Gegenteil, man wollte sie wieder loswerden. Gegen größte Schwierigkeiten und persönliche Querelen gelang es dem Obergärtner Bauer, diese Sammlung zu retten. Sie war der willkommene Grundstock für das neue Kakteenhaus.

Dabei kam mir noch ein Glücksfall zugute. Eines Tages suchte mich der Schöpfer der neuen Wandelhalle in Bad

Mergentheim, Dr. Krüger, auf, um Palmen und andere geeignete Pflanzen für dieses Bauwerk zu erwerben. Ich erklärte ihm, daß ich ihm zwar gerne behilflich wäre, aber das ginge nur auf dem Tauschwege. Da er natürlich keine eigenen Pflanzen hatte, erklärte ich mich bereit, die Pflanzen, die wir wünschten anzukaufen, und die Rechnung zur Bezahlung nach Mergentheim zu schicken. So geschah es dann auch. Er bekam seine Palmen und andere große Pflanzen, die aus Platzmangel bei uns dringend ausgeschieden werden mußten, und wir konnten in ganz Deutschland, besonders bei einem Berliner Importeur, die herrlichsten Kakteen erwerben, die in Deutschland eingeführt worden waren. So war allen geholfen, Architekt und Bauherrschaft in Mergentheim freuten sich über die glänzend ausgestattete Wandelhalle, unsere Pflanzen in der Wilhelma hatten wieder Luft, und wir hatten unsere Kakteensammlung so komplettiert, daß sie eine der bedeutendsten Sammlungen in Deutschland geworden war. Allerdings hatte ich wieder einmal gründlich gegen die Haushaltsvorschriften verstoßen. Denn erstens hätte ich beim Pflanzenverkauf das Geld vereinnahmen und abführen müssen und zweitens war ich zu Geschäften in dieser Höhe gar nicht ermächtigt. Aber es hat ja keiner gemerkt.

Gleichzeitig mit der Einrichtung des Kakteenhauses mußte ich das Warmhaus verlegen. Dieses bildete nämlich bisher das Eingangshaus. Da im Winter bei jedem Öffnen der Türe ein Kaltluftschwall die empfindlichen Pflanzen schädigte, hatte ich diese Änderung längst beschlossen. Die Pflanzen, die tropische Luft liebten, bekamen jetzt ihren Platz im dritten Gewächshaus, und am Ende des Hauses machten wir die Bepflanzung so dicht, daß man das Gefühl bekam, durch einen Dschungel zu schlüpfen. Um so größer, höher und freier wirkte dann der anschließende Wintergarten.

Diesem Wintergarten hatte ich von Anfang an eine Umgestaltung versprochen. Wenn er im Sommer ausgeräumt war, wirkte er einfach scheußlich. Die im Wintergarten verbliebenen Palmen standen auf bis zu vier Meter hohen Hokkern und sahen aus wie die Raubtiere in der Zirkusmanege bei einer Dressurvorführung. Ursprünglich war das ein genialer Einfall des ersten Hofgärtners. Die königlichen Herrschaften wollten im Winter, wenn draußen Eis und Schnee herrschten, unter Palmen wandeln. Das geht aber schlecht, wenn eine Palme zwar ansehnliche Blätter, aber noch keinen Stamm hat. Da mußte man entweder 50 Jahre warten, bis die Palmen die entsprechenden Stämme hatten, oder aber, wie es der trickreiche Obergärtner machte, die Palmen auf zwei bis vier Meter hohe Hocker stellen. Jetzt konnte sich die Hofgesellschaft unter Palmen ergehen und ihren Urwaldgefühlen freien Lauf lassen. Um diese Gefühle durch den trostlosen Anblick der desillusionierenden Hokker und Pflanzenkübel nicht zu stören, wurden diese durch eine grüne Wand der verschiedensten Pflanzen zudekoriert. Da diese Pflanzen aber im Sommer im Schatten der Palmen zugrunde gegangen wären, brachte man sie regelmäßig Ende Mai ins Freie. Nun waren aber die 50 Jahre schon längst verstrichen, und die Palmen hatten die passenden Stämme, ja sie begannen schon langsam das Dach zu heben. Wir taten, was längst fällig war, und stellten die Palmen auf den Fußboden. Jetzt war aber der Blätterwald so dicht, daß man sich dazwischen kaum mehr bewegen konnte. So war, wie gesagt, das Geschäft mit Bad Mergentheim sehr günstig. Ich konnte die überflüssigen Palmen an den

Mann bringen und bekam dafür Kakteen für 20000 Mark, ein für das Jahr 1935 außerordentlicher Betrag.
Gleichzeitig vergrößerte ich die Frühbeetanlagen auf die nahezu dreifache Fläche und holte aus den Botanischen Gärten München, Tübingen, Würzburg, Heidelberg, Freiburg und Erlangen große Mengen Vermehrungsmaterial und Jungpflanzen wertvoller Gewächse, so daß ich die im Sommer ausgeräumten Azaleen- und Kamelienhäuser mit einer bunten Fülle herrlich blühender tropischer Pflanzen füllen konnte. Durch die Erweiterung des Anzuchtbetriebes konnte ich auch die Bepflanzung des Freilands wesentlich reicher gestalten.
So war aus den im Sommer verödeten Gewächshäusern eine farbenprächtige Blütengalerie geworden. Ein ganz besonderer Triumph war für mich die maßlose Überraschung der Vertreter der Bauabteilung des Finanzministeriums, insbesondere ihres Präsidenten, als sie die Wilhelma besuchten. Die erste Reaktion der Herren war allerdings die Frage nach der Finanzierung. Als sie hörten, daß der Haushaltsplan um keinen Pfennig überschritten war, atmeten sie hörbar auf. Allerdings war ihnen vollkommen unbegreiflich, daß ich in so großzügiger Weise von den obengenannten Gärten unterstützt und mit wertvollsten Pflanzen bedacht worden war, ohne auch nur einen Pfennig dafür bezahlen zu müssen.
Hier ist zu erwähnen, daß 150 bis 200 botanische Gärten der ganzen Welt zu einem internationalen Samentausch-Bund zusammengeschlossen sind, in den ich die Wilhelma einführte. Das heißt, jeder Garten sammelt die bei ihm anfallenden Sämereien und möglichst noch Wildsämereien einheimischer Pflanzen. Eine Liste dieser Samen wird alljähr-

lich sämtlichen angeschlossenen Gärten zugeschickt. Diese erhalten alle gewünschten Sämereien portofrei und kostenlos zugesandt, gleichgültig ob der versendende Garten vom Empfänger andere Sämereien anfordert oder nicht. Diese Großzügigkeit dehnt sich auch auf Stecklinge und ausgewachsene Pflanzen aus.

Der Bräutigam hat ein Loch im Schuh

Meine Urlaubstage verbrachte ich nach wie vor am Bodensee, und einer wundervollen Pfingstfahrt dorthin verdanke ich die Bekanntschaft meiner zukünftigen Frau. Als ich in Friedrichshafen den Zug bestieg, verließ eine reizende junge Dame das Abteil, um sich von ihren Bekannten auf dem Bahnsteig zu verabschieden. Da in diesem Abteil nur ein Fensterplatz belegt war, setzte ich mich auf den anderen. Bald kam sie zurück, nahm aber von ihrem Gegenüber keine Notiz und versenkte sich in eine Illustrierte. Dann kam ein Segler der Friedrichshafener Schülerabteilung ins Abteil, wir begrüßten uns, und bald begann eine lebhafte Unterhaltung zwischen uns. Der junge Mann hatte gerade die Reifeprüfung bestanden und sich in Tübingen eingeschrieben. Da er unverkennbar die Absicht hatte, die junge Dame zu beeindrucken, zog er eine riesige Schau ab. Zuletzt konnte unsere Reisegenossin nicht mehr anders, sie mußte lächeln, ob sie wollte oder nicht. Zumal ich gemein genug war, den armen Knaben gründlich auf den Arm zu nehmen. Ohne daß sie es merkte, war sie bald in die Unterhaltung einbezogen. Dabei zeigte sie einen scharfen Verstand und unglaublich viel Humor. Der junge Himmelsstürmer stieg in Ulm aus, aber die Unterhaltung ging munter weiter, denn wir verstanden uns ausgezeichnet. Als wir in Stuttgart angekommen waren, regte ich ein erneutes Treffen an. Das wurde von ihr zwar dankend abgelehnt, nach Hause begleiten durfte ich sie auch nicht, aber sie gab mir ihre Telefonnummer. Allerdings mußte ich, um die Nummer aufzuschreiben, von ihr einen Bleistift entleihen, da ich natürlich keinen bei mir hatte. Am Telefon konnte ich ihr ein, wie sie betonte, einmaliges Treffen abschwatzen, das sich jedoch sehr oft wiederholte. Zuletzt wurden unsere Wanderungen eine regelmäßige Einrichtung. Dabei mußte die Arme langatmige naturwissenschaftliche Erklärungen aus Botanik, Zoologie und Geologie über sich ergehen lassen. Aber sie tat es mit beispielloser Geduld. Bald waren wir unzertrennlich, und als mich mein Vater in Stuttgart besuchte, machte ich ihn mit der jungen Dame bekannt. Zu meiner Befriedigung entsprach sie auch seinem Geschmack. Inzwischen war der Winter vergangen, und da sich meine finanzielle Situation erheblich verbessert hatte, beschlossen wir zu heiraten.

Da einer Heirat damals eine Verlobung vorauszugehen pflegte und dieser eine Vorstellung bei der Familie, einigten wir uns, meine Eltern an einem Wochenende aufzusuchen. Um taktisch richtig vorzugehen, fuhr ich am Samstag voraus, und meine Braut kam am Sonntag nach. Ich hatte dadurch Zeit, meine Eltern vorzubereiten, und meine Eltern konnten das Ganze innerlich verarbeiten. Als ich am Samstagabend zu Hause ankam, waren meine Eltern bereits im Bett. Meine Mutter liebte solche überraschenden Besuche

nicht, denn als echte schwäbische Hausfrau brauchte sie eine Anlaufzeit, auch wenn das Gastzimmer wie geleckt war, und der Kühlschrank fünf Besucher ohne weiteres verkraftet hätte. Vor der elterlichen Schlafzimmertüre entspann sich dann folgendes Gespräch:
Mutter: »Ja was auch, hast du nicht schreiben können?«
Ich: »Ich habe doch.«
Mutter: »Schau in deinen Taschen nach.«
Ich: »Richtig, da ist der Brief, du kannst ihn gleich lesen.«
Wie schon öfters hatte ich keine Briefmarke zu Hause gehabt und deshalb den Brief nicht eingeworfen. Ich erläuterte den Grund meines Besuches, was meine Mutter veranlaßte aufzustehen und meinen Vater anzuweisen, ein paar Flaschen Wein aus dem Keller zu holen, damit man »auch richtig nachdenken könne«. Die Quintessenz des Nachdenkens war, daß meine Mutter mich, als sie mich gründlich ausgeholt hatte, fragte, ob sie meiner Verlobten gleich das Du anbieten sollte oder erst später. Ich gab ihr den salomonischen Rat, es davon abhängig zu machen, wie sehr oder wie wenig ihr meine Braut gefällt. Als ich am anderen Tag zum Bahnhof startete, bat mich meine Mutter, noch einen kleinen Umweg zu machen, damit alles auch wirklich im Stande sei. Auch meine Braut atmete nach ihrer Ankunft auf, daß ihr noch eine kleine Galgenfrist geblieben war. Wir gingen am See spazieren, bis sie bemerkte, jetzt müßten wir aber zu meinen Eltern gehen, sonst würden die Rosen welken. Zu Hause war dann alles in Butter, meine Mutter hatte alle Vorbereitungen getroffen. Die Rosen waren doch noch frisch, und die Braut fand den Beifall meiner Mutter, so daß sie ihr schon beim zweiten Glas Wein das Du anbot. Am Abend wurden wir von der Familie zum Bahnhof geleitet.

Als meine Eltern nach Hause gingen, beklagte sich mein Neffe über seine Jugend. Nach dem Grund gefragt, erklärte er: »Dann hätte ich die Tante Hanna genommen.« Welche große Beruhigung für mich, daß mein Konkurrent noch zu jung war. Die Tante Hanna blieb sein großer Schwarm, bis er im Zweiten Weltkrieg sein junges Leben ließ, als er einen Kameraden retten wollte.
Bei unserer Hochzeit vergossen bei der Trauung die beiden Mütter die üblichen Tränen. Das hinderte meine Mutter jedoch nicht, mir nachher zu erklären: »Das war so feierlich, als die Hanna vor dem Altar kniete und man die Sohlen ihrer neuen Schuhe sah. Und was hattest du? Ein Loch in der Sohle.«
Das bedrückte mich weiter nicht, als wir uns diskret aus der Runde der Hochzeitsgäste zurückzogen, um die Hochzeitsreise anzutreten. An diesem Abend fuhren wir noch nach Düsseldorf, in die Studienstadt meiner Frau, um festzustellen, daß infolge einer Tagung alle Hotels besetzt waren. Am nächsten Tag reisten wir nach Frankfurt, wo die glückliche junge Frau den Palmengarten und den Zoo über sich ergehen lassen mußte. Durch die Erfahrungen des Vortages gewitzt, bemühten wir uns wenigstens rechtzeitig um Hotelzimmer. Wir fanden auch ein entzückendes kleines Hotel wie aus dem Bilderbuch. Der Wirt eröffnete uns, daß er nur noch sehr einfache Zimmer habe, die einem Hochzeitspaar nicht entsprächen. Außerdem hätte er noch ein Hochzeitszimmer, das er uns sehr empfehlen könne. Wir sahen das Zimmer an und waren begeistert. Die Freude war nur durch die gesalzene Rechnung getrübt, die dieser Menschenkenner uns am anderen Morgen präsentierte. Am folgenden Tage vertiefte ich unser junges Liebesglück durch eine

Fahrt zum Park des Heidelberger Schlosses, dem Botanischen Garten von Heidelberg und dem dortigen Zoo. Als Krönung hatte ich mir den Besuch des Schwetzinger Schloßparks gedacht. Als gegen Abend meine arme Frau bei der Moschee total erschöpft auf eine Bank sank, hatte ich das dunkle Gefühl, in meiner Begeisterung etwas zuviel des Guten getan zu haben.

Wir hatten vorgesehen, die Nacht in Stuttgart in unserem zukünftigen Heim in der Wilhelma zuzubringen, das zur Zeit noch meine Junggesellenwohnung war. Als wir nachts ankamen, stolperten wir zuerst über einen ganzen Pflanzenwald, mit dem die Gärtner die bräutlichen Gemächer dekoriert hatten. Am anderen Morgen wurden wir durch einen scheppernden Wecker aus unseren Träumen gerissen. Ich Unglücksrabe hatte den Wecker gestellt, um zu kontrollieren, ob die Gärtner auch pünktlich mit der Arbeit anfingen, wenn sie mich auf Hochzeitsreise wähnten.

Als wir uns angezogen hatten, erklärte ich, »nur mal schnell« in die Wilhelma zu gehen, während die junge Hausfrau den Frühstückstisch richten würde. Da mich unterwegs einige Probleme gefesselt hatten, kam ich glücklich um 1/2 12 Uhr wieder zu Hause an. Hier fand ich eine ziemlich erschütterte Ehefrau, deren neugebackener Ehemann nicht nur über drei Stunden verschwunden war, sondern sie zu allem Unglück auch noch in das Haus eingeschlossen hatte, so daß sie noch nicht einmal nach mir sehen konnte.

Damit war für meine Frau eine Zeit angebrochen, in der sie ein Menschenleben lang auf ein großes Kind warten mußte, dem der Beruf ein solch spannendes und wunderbares Erlebnis war, daß es darüber immer wieder Zeit und Ort vergaß.

Als wir 1935 heirateten, galt es zuerst, unser Heim einzurichten. Das Wilhelmaschlößchen setzte sich aus vier Gebäuden zusammen, die durch einen Wandelgang verbunden waren, dem maurischen Landhaus mit den Wohnräumen des Königs, dem Festsaal, der Bildergalerie und dem Küchengebäude, auch Kavaliersbau genannt. In diesem hatten wir im ersten Stock unsere Wohnung. Ihre Räume waren im Stil eines Harems konzipiert. Die Fenster begannen erst in 1,60 m Höhe, so daß man auf einen Stuhl steigen mußte, wenn man hinaussehen wollte. In einem Zimmer war eine Eunuchennische, an den Decken wechselten Stalaktitengewölbe und Arabesken einander ab. Die Räume waren über vier Meter hoch. Unten fror man, während sich oben die Kerzen des Weihnachtsbaumes vor Wärme umbogen. Wir nannten das Gebäude natürlich Kavaliersbau, nur wenn ich wegen der Mietfestsetzung zu verhandeln hatte, war es das Küchengebäude. Da ich den früheren Leiter der Wilhelma nicht aus der eigentlichen Dienstwohnung in der Pragstraße verdrängen wollte, waren wir froh, als er von sich aus eine kleinere Wohnung nahm und wir aus dieser kalten Pracht ausziehen konnten. Wir ahnten damals ja nicht, daß dieses Gebäude nach dem Zweiten Weltkrieg nahezu ein Vierteljahrhundert unser Heim werden sollte.

Der Prophet gilt nichts im eigenen Lande

Inzwischen hatte die alteingefleischte Intrige wieder eine neue Variante entwickelt. Das Bezirksbauamt hatte auf höheren Druck einen alten Kämpfer eingestellt. Aufgrund seiner alten Parteizugehörigkeit wurde er Betriebsobmann für die Arbeiter sämtlicher Gärten. Dank seiner guten Beziehungen konnte er die unhaltbarsten Verdächtigungen sogar in der Statthalterei vorbringen. Diese war in der Villa Reitzenstein untergebracht, deren Park von mir betreut wurde. Deshalb erhielt ich rechtzeitig Nachricht, wenn wieder eine Stänkerei im Gange war. Meist waren die Anklagen derart primitiv, daß es noch nicht einmal zu einer Untersuchung kam, ja, daß ich nicht einmal dazu gehört wurde. So wurde zum Beispiel behauptet, daß ich die Gärtner der Wilhelma schlecht behandelt hätte und ein unangenehmer, schwieriger Vorgesetzter wäre. Im nächsten Satz wurde wörtlich erklärt: »Die Gärtner der Wilhelma können dazu nicht vernommen werden, da sie durch ein Faß Bier anläßlich der Hochzeit Schöchles bestochen wurden.« Das Niederträchtige war, daß die Urheber solcher Verleumdungen nicht zur Rechenschaft gezogen und bestraft wurden. Man ließ einfach alles auf sich beruhen, nach dem Grundsatz teile und herrsche. So hatte ich ausreichend Gelegenheit, die Segnungen des Dritten Reiches gründlich kennenzulernen. Deshalb war ich erleichtert, als ich im Frühjahr 1940 eingezogen wurde und vor diesen Verdächtigungen endgültig Ruhe hatte.

Von diesen Querelen abgesehen, bereitete mir die Tätigkeit in der Wilhelma große Freude, zumal ich ganz ungewöhnliche Erfolge und auch den Beifall des Ministeriums hatte. Der amtierende Finanzminister, Dr. Alfred Dehlinger, stellte mir sogar seinen Verfügungsfonds, den er als sparsamer Schwabe nicht aufgebraucht hatte, für die Wilhelma zur Verfügung. Dafür konnte ich eine erstklassige Film- und Fotoausrüstung mit Wiedergabegeräten erwerben, die mir bei der Werbung eine wertvolle Hilfe waren. Einen ausgesprochenen Bärendienst erwies mir der Finanzminister, als er, begeistert von der Verdreifachung der Einnahmen aus Eintrittsgeldern der Wilhelma, ein Rundschreiben an die Direktoren der staatlichen Museen richtete. Darin wies er auf meine Erfolge hin, mit der Empfehlung, sich von mir in Werbungsfragen beraten zu lassen. Wenn mir von diesen Kreisen je ein Hauch von wissenschaftlicher Qualifikation zuerkannt wurde, so war das von diesem Augenblick an vorüber. Ab sofort wurde ich von ihnen in der Nähe der Schausteller des Volksfestes eingruppiert.

Außerhalb Württembergs hatte ich mehr Erfolg. Eine besonders erfreuliche Zusammenarbeit entstand mit den botanischen Gärten der Universitäten München und Würzburg. In München verbrachte ich manche Ferienwoche, um wissenschaftlich an der künstlichen Aufzucht von Orchideen zu arbeiten.

Mit dem steigenden Ansehen der Wilhelma wurde ich auch vom Ausland eingeladen, an internationalen Preisgerichten teilzunehmen. Eine der schönsten Einladungen dieser Art war, als Preisrichter bei den Floralien in Gent mitzuwirken. Dies war eine Blumenschau von höchstem europäischem Rang. Die Qualität der hier gezeigten Pflanzen übertraf alles, was ich vorher gesehen hatte. Azaleen mit zwei Metern Durchmesser gab es zu Hunderten. Lorbeersäulen von vier bis sechs Metern Höhe waren keine Seltenheit. Das größte Erlebnis war ein Besuch der königlichen Gewächshäuser in Laeken. Hier standen die weltberühmten Blütengalerien gerade in vollster Blüte. Sowohl in Laeken als auch bei der Ausstellung in Gent war ich von den Orchideen überwältigt. Wenn auch viel der Gunst des Klimas zu danken war, ist das gärtnerische Können nicht genug zu bewundern. Im Frühjahr 1939 wurde ich als Preisrichter zu der internationalen Ausstellung »De Hofstadtbloom« nach Den Haag gebeten. Während in Gent die Azaleen, die sechs Meter hohen Lorbeersäulen, Palmen, Warmhauspflanzen und unvorstellbar reiche Orchideenbestände die Höhepunkte bildeten, waren es in Holland Tulpen, Narzissen und alle anderen Zwiebelpflanzen. Dazu kamen sämtliche Schnittblumen, die man in dieser Jahreszeit durch gärtnerisches Können zur Blüte bringen kann.

Wieder beeindruckte mich eine Fülle der Meisterleistungen in unserem Beruf, wie ich sie nicht im entferntesten erwartet hatte. Interessant war auch die verschiedene Art der Darbietung der Exponate. In Gent waren trotz der Masse des Gebotenen und der üppig entwickelten Pflanzen, Farben und Formen bis ins Detail fein aufeinander abgestimmt. Dagegen war in Holland die Wirkung vielfach durch die leuchtende, kraftvolle Pracht der Blumen bedingt.

Bei dieser holländischen Ausstellung passierte mir etwas sehr Lustiges. Als ich einem mir befreundeten Großgärtner von der Ausstellung erzählte, war er Feuer und Flamme, so daß wir beschlossen, gemeinsam nach Den Haag zu fahren. Dazu stellte er seinen Wagen zur Verfügung. 1939 war aber strenge Devisenbewirtschaftung, und wir durften nur je 20 Mark in Gulden mitnehmen, dazu erhielt ich, da ich als Preisrichter eingeladen war, die Genehmigung, für weitere 60 Mark Gulden einzutauschen. Somit hatten wir 100 Mark, aber was sind das für zwei lebenslustige Knaben, wenn sie damit fünf Tage auskommen sollten. Außer dem Hotel mußte damit auch noch der Treibstoff bezahlt wer-

10 *Ein Prosit auf die ersten hausgemachten Tierpfleger*

11 *Ein Affenglück: Schimpanse, Gorilla und Orang-Utan – Nachwuchs in einem Jahr*

12–14 Ein Nashorn bekommt seinen Namen – aber ein gewissenhafter Direktor überzeugt sich natürlich, daß ihm der Cannstatter Zuckerle nicht schadet

den. Wir versuchten, unsere Barschaft dadurch zu strecken, daß ich meinen Freund bei den Empfängen mit hineinschmuggelte. Am vorletzten Tag hatten wir gerade noch vier Apfelsinen und das Geld für das Benzin zur Heimfahrt und für die Hotelrechnung. Zum Glück gab auch noch der Oberbürgermeister von Den Haag ein Bankett. Es gelang mir auch diesmal, meinen Freund einzuschleusen. Zu unserem Trost waren vier kalte Büfetts in den verschiedenen Räumen aufgebaut, so daß wir uns nochmals satt essen konnten. Man könnte auch sagen: Einer war eingeladen, zu zweit kamen wir, und für vier haben wir gegessen. Am nächsten Morgen starteten wir nach einem kräftigen holländischen Frühstück, das zum Glück im Hotelpreis inbegriffen war, zur Heimfahrt und atmeten hörbar auf, als wir ohne Panne die Grenze überschritten hatten.
Kurz darauf begann in Stuttgart die Reichsgartenschau, die Krönung meiner Arbeit in der Wilhelma vor dem Kriege. Schon seit Jahren hatte ich auf diesen Zeitpunkt hingearbeitet und einen großen Bestand hervorragender, ausstellungswürdiger Pflanzen herangezogen. Insbesondere hatte ich einen großen Bestand wild gesammelter Orchideen der verschiedensten Arten importiert, die bisher nur in ganz wenigen Exemplaren in den botanischen Gärten gepflegt wurden. Dank des begeisterten Einsatzes der Wilhelma-Gärtner befanden sie sich in einem ausgezeichneten Zustand. So gelang es uns, 20 Goldmedaillen, eine große Anzahl Silber- und einige Bronzemedaillen zu erringen. Damit hatte die Wilhelma mehr Preise errungen, als alle anderen deutschen Gärten der öffentlichen Hand zusammen.
Leider konnten wir uns dieses Erfolges nicht mehr lange erfreuen, denn schon bevor diese Reichsgartenschau endete,

war der Zweite Weltkrieg ausgebrochen. In den ersten Kriegswochen wurden bereits die meisten jüngeren Mitarbeiter eingezogen und mit ihnen die Fahrzeuge bis auf einen alten Elektrokarren und einen Bulldog, beide mit dem Baujahr 1926.

Ich hatte zu diesem Zeitpunkt zwar glücklich alle staatlichen Gärten Stuttgarts in meiner Hand vereinigt, aber nur noch etwa ein Drittel aller Mitarbeiter. Es galt deshalb, alles auf Sparflamme zu schalten, um so viel wie möglich über diesen Krieg zu retten. Mit Schrecken dachte ich an die Folgen eines Luftangriffs, denn eine einzige Luftmine in einer Entfernung von wenigen hundert Metern genügte vollkommen, um sämtliche Scheiben aus den Gewächshäusern der Wilhelma hinauszublasen. Die Verlagerung eines Teils der hundertjährigen Azaleen und Kamelien in die Gewächshäuser der Gartenbauschule Hohenheim erwies sich als Mißgriff, denn dort waren sie durch die Nähe des Flughafens nicht weniger gefährdet als in der Wilhelma, die auf der Luftlinie Bosch-Daimler lag. Später wurde ein Großteil der Orchideen, Azaleen und Kamelien in Sigmaringen in der Hofgärtnerei des Fürsten Hohenzollern-Sigmaringen in Sicherheit gebracht. Der großzügigen Hilfsbereitschaft des Fürsten und der hervorragenden Einsatzbereitschaft seines Hofgärtners Bach ist die Erhaltung dieser unersetzlichen Bestände zu danken. Ein kleiner Orchideenbestand kam auf den Katharinenhof bei Oppenweiler. Den wertvollsten Kakteen gewährte Herr Epple in seiner Gärtnerei in Benningen Asyl.

Die ganzen anderen prachtvollen Pflanzenbestände der Stuttgarter Orangerie, darunter die vierhundertjährigen Orangen sowie die bedeutenden und umfangreichen Pflanzensammlungen der Wilhelma, die viele hundertjährige Exemplare aufwiesen, fielen ausnahmslos den Bomben zum Opfer.

Krieg ist Krieg und Wein wird Schnaps

Ich selbst erlebte den Zusammenbruch meines Aufbauwerkes nur am Rande, da ich schon im Juli 1940 eingezogen und einer Ersatzteilstaffel, der Staffel Hauser, zugeteilt wurde. Zu meiner großen Erleichterung rückte die Staffel bald nach Österreich ab, so daß mir zum größten Teil der öde Grunddienst erspart blieb. Nach kurzer Zeit übernahm ich den Dienst des Verpflegungsunteroffiziers. Das war eine Tätigkeit, bei der ich mich besonders in Rumänien, wohin wir noch im Herbst als eine der ersten deutschen Truppen verlegt wurden, recht gut bewährte. Wenige Tage nach unserer Ankunft erlebten wir hier das große Erdbeben, das ein Drittel von Bukarest in Schutt und Asche legte. In unserer Kaserne stürzten allerdings nur die Kachelöfen ein. Außerdem zerschnitten sich einige Kameraden, die durch die geschlossenen Fenster ins Freie sprangen, Gesicht und Hände, und einer brach sich dabei das Bein.
Eine Anekdote über unseren Hauptmann muß ich in diesem Zusammenhang erzählen. Er war am Abend vorher mit dem Spieß und mir zu einer längeren Sitzung in einem sehr gemütlichen Bukarester Weinlokal zusammengekommen. Zum Schluß hatten wir ihn mit nicht geringer Mühe in sein

Zimmer im zweiten Stock eines Bukarester Hotels gebracht und waren dann nach Otopeni in unsere Kaserne gefahren. Am anderen Morgen erwachte unser Hauptmann und sah, daß die beiden Stiefel quer im Zimmer lagen, anstatt daß sie zum Putzen vor der Türe standen. Das regte ihn nicht weiter auf, daß aber der Spiegel zertrümmert war und das Waschbecken nur noch an einer Schraube hing, empfand er als unschön. Ebenso die Tatsache, daß nur noch ein Fensterflügel, und dazu total zerbrochen, traurig in den Angeln baumelte. Er beschloß, mit dem Hotelier Verhandlungen aufzunehmen, um den angerichteten Schaden zu begleichen. Als er sich unter Ächzen angezogen hatte und das Zimmer verlassen wollte, klemmte die Türe auf dem Gang, und er sah, daß das ganze Treppenhaus verschwunden war. Er erinnerte sich zwar, daß er am Abend vorher schon ziemlich über den Durst getrunken hatte, daß er aber dabei ein ganzes Treppenhaus abgebrochen hatte, erschien ihm doch unwahrscheinlich. Er begab sich ins Zimmer zurück und schaute in den Hof. Hier stand zusammen mit den anderen der Hotelier und rief: »Gott sei Dank, Herr Hauptmann, sie leben!« Worauf der gute Hauptmann Hauser erfuhr, daß ein Erdbeben die Stadt zerstört hatte und unter anderem das elfstöckige Hotel gegenüber vollständig eingestürzt war.
In dieser Zeit in Bukarest bekamen wir einen Vorgeschmack des Rußlandfeldzuges. Am 20. Dezember nahmen wir noch mit entblößtem Oberkörper Sonnenbäder auf den Festungswällen von Otopeni. Am 24. Dezember setzte ein solcher Schneesturm ein, daß die Straßen total verweht waren und jeder Kraftwagenverkehr unmöglich wurde. In den Nächten sank das Thermometer des öfteren auf minus 35

Grad Celsius. Aus Unkenntnis ließ ein deutscher Zahlmeister im Januar/Februar bei der größten Kälte Wein in das Verpflegungslager Bukarest fahren. Der größte Teil des Weines erfror und wurde ungenießbar. Ich wurde bald zum Liebling des unglücklichen Zahlmeisters, weil ich zweimal in der Woche je 500 Liter dieses Weines abnahm. Wir galten bei den deutschen Einheiten bald sprichwörtlich als ausgepichte Hartsäufer, die auch vor dem furchtbarsten Gesöff nicht zurückschreckten.

Zuletzt konnten einige Zahlmeister ihre Neugierde nicht mehr bezähmen und besuchten unsere Einheit, wo sie begeistert als unsere Wohltäter aufgenommen wurden. Dabei lüftete sich das von mir streng gehütete Geheimnis. Von diesem schrecklichen Gesöff hatte ich nicht einen Tropfen an die Mannschaft ausgegeben. Ich war ja nicht lebensmüde, denn unsere Mannen verstanden etwas vom Wein. Ich hatte ein Gerät zur Herstellung von destilliertem Wasser für die Kraftwagenbatterien zweckentfremdet und mit Hilfe eines original Schwarzwälder Kirschbrenners eine beachtliche Schwarzbrennerei aufgemacht. Sie arbeitete in drei Schichten rund um die Uhr, um den verdorbenen Wein in ein hervorragendes Destillat mit 57 % zu verwandeln. Als die Zahlmeister das sahen, wurde ihnen ganz feierlich zumute, und sie legten mir sofort nahe, auch die Zahlmeisterlaufbahn zu ergreifen, da ein solches Talent für den Truppendienst zu schade wäre. Dieses herrliche Getränk erhielt den Namen Staffelwasser und wurde unter diesem Namen bei sämtlichen befreundeten Einheiten berühmt, zumal sich damit noch mehr Krankheiten bekämpfen ließen als mit Aspirin.

Im Frühjahr wurden wir nach Roman verlegt. Dort meldete

ich mich zur Zahlmeisterlaufbahn und hatte wieder einmal Glück, wie so oft in meinem Leben. 14 Tage vor Beginn des Rußlandfeldzuges wurde ich zu einem Ausbildungslehrgang einberufen. Wäre dieser Einberufungsbefehl nur acht Tage später gekommen, hätte ihn ein allgemeiner Stopp aufgehalten.

Frischgemüse braucht die Truppe

Zuerst wurde ich der Zahlmeisterei des 119. Infanterieregiments auf dem Burgholzhof in Stuttgart zur Ausbildung zugeteilt. Während dieser Ausbildungszeit merkte ich rasch, daß mich die Tätigkeit eines Zahlmeisters alles andere als glücklich machen konnte. Deshalb mußte ich mir einfach etwas einfallen lassen. Meine Überlegungen waren ganz einfach. Die Verpflegung unserer Mannschaft war vitaminarm, da es vom Transport her nicht möglich war, die Truppen mit Gemüse zu versorgen. Man mußte also das Transportproblem zu umgehen versuchen. Das war dadurch möglich, daß man zum Beispiel bei Kohl nicht die fertigen Kohlköpfe, sondern die Kohlpflanzen verschickte. Denn für 100000 Kohlköpfe braucht man 100 Lastwagen, während 100000 Kohlpflanzen noch nicht einmal einen einzigen Personenwagen füllen. Meine Idee war nun, in Frontnähe Jungpflanzen von Kohl, Salat und anderen geeigneten Gemüsearten im großen Stil heranzuziehen und sie, wenn die Front vorrückt, der Truppe nachzusenden. Gleichzeitig

war ein Großanbau von Sämereien der Gemüsearten vorgesehen, die schnell geerntet werden konnten, wie Gartenkresse, Pflücksalat, Spinat, Radieschen usw.
Dies legte ich in einem Bericht schriftlich nieder, der im Oberkommando der Wehrmacht Beachtung fand, und ich wurde, nachdem ich inzwischen den Zahlmeisterlehrgang beendet hatte, zum OKH. IVa nach Berlin beordert. Das war die Verpflegungsabteilung der Wehrmacht. Hier wurde ich als seltener Vogel zuerst einmal herumgereicht. Man wollte mir auch einreden, daß ich aufgrund meines Studiums nicht in die Zahlmeister- und damit gehobene Laufbahn gehöre, sondern in die höhere Laufbahn, was dem Aufbau meiner Organisation auch mehr entsprechen würde. Nun tat ich wieder etwas ganz Regelwidriges, indem ich erklärte, das Gemüse für die Truppen wäre wichtiger als die Sterne auf meinen Schulterstücken. Im übrigen wäre es höchste Zeit, etwas zu unternehmen, da der Samen bald in die Erde müßte, damit die Pflanzen im Frühjahr zur Verfügung stünden. So wurde ich kurzerhand auf die Krim beordert. Da die Halbinsel von russischen Truppen abgeschnitten war, mußte ich eingeflogen werden.
Noch am Abend meiner Ankunft meldete ich mich bei meinem Vorgesetzten, Generalintendant Rabus. Er war sehr wohlwollend, konnte sich aber nicht vorstellen, daß meine Mission von Erfolg begleitet sein würde. Ich wurde auf die freie Planstelle eines Verpflegungserfassungsstabes gesetzt, dort erhielt ich auch einen Dolmetscher. Im übrigen war ich selbständig, da bei einer so merkwürdigen Sache jeder fürchtete, daß sie schiefgehen würde. Es hatte begreiflicherweise niemand Lust, sich einzuschalten und die Finger zu verbrennen.

Nun setzte ich mich zuerst mit den Gebietslandwirten der deutschen Zivilverwaltung in Verbindung. Diese waren auch bereit, einige wirklich gute, aber leider sehr desolate Staatsgüter abzugeben. Dann forderte ich von jeder Division einen Gärtner an und stellte eine reiche Gemüseernte in Aussicht. Bei der Verhandlung mit den russischen Verwaltern der riesigen Güter machte ich die Entdeckung, daß es sich um wirklich erstklassige Fachleute handelte, mit denen zusammenzuarbeiten eine Lust war. Es dauerte noch keine Woche, bis ich festgestellt hatte, welch tiefgreifende Fehler dank unserer törichten Propaganda, welche nur von Untermenschen sprach, gemacht wurden. Die Bewohner der Krim, gleichgültig ob es Ukrainer, Türken oder Tataren waren, hatten alle den Wunsch, mit uns zusammenzuarbeiten und hießen uns freudig willkommen. So war es eigentlich gar nicht mein Verdienst, als ich anläßlich einer Besichtigungsfahrt Ende Mai 1942 dem Generalintendanten den prächtigen Stand der Kulturen zeigen konnte.
Dabei kam mir zugute, daß die Krim nördlich des Jailagebirges im Winter einen trostlosen Anblick bietet, so daß jedermann glaubte, von diesem Land nichts mehr erhoffen zu können. Um so überraschender ist natürlich der Eindruck, wenn man plötzlich in einen riesengroßen Garten kommt, der schon im zeitigen Frühjahr von den herrlichsten Gemüsen förmlich überquillt. Wir hatten, wie durch Zauberschlag, hektarweise Salat, Blumenkohl, Radieschen, Spinat und andere Gemüse auf den Feldern stehen. Auf einem Staatsgut wuchsen allein 500 Hektar Tomaten und Gurken. Der Generalintendant und seine Begleiter waren von diesem Garten restlos überwältigt. Besonders weil sie den Erfolg mir und meinen paar Soldaten zuschrieben. In Wirk-

lichkeit hatten wir aber höchstens das Verdienst, daß wir den Ehrgeiz der einheimischen Bevölkerung anstachelten und die Belegschaft vor Übergriffen schützten.

Aber sei es wie es wolle, die Truppe und vor allem die Lazarette waren reichlich mit Frischgemüse versorgt, wenn auch mein System des Pflanzentransports nicht in Frage kam, da sich bereits die Wende abzeichnete und wir in den folgenden Jahren froh sein mußten, wenn nicht die Russen das unter unserer Aufsicht gepflanzte Gemüse ernteten.

Dieser Besuch hatte zur Folge, daß ich in den Stab des Generalintendanten kommandiert wurde. Außerdem wurde ich vom OKH beauftragt, im Winter 1941/42 in Schäftlarn etwa 20 Zahlmeister mit einem gartenbaulichen Fachstudium auszubilden, damit sie nach meinen Richtlinien die Truppen mit Frischgemüse versorgen konnten. Ich bin überzeugt, daß durch diese Maßnahme vielen Tausenden infolge Vitaminzufuhr die Gesundheit erhalten wurde. Da in den folgenden Jahren die Front immer weiter zurückgenommen wurde, mußten wir die Jungpflanzen meist nach rückwärts statt nach vorne transportieren. Dabei mußten wir äußerst vorsichtig zu Werke gehen, damit uns nicht Defaitismus oder Schlimmeres vorgeworfen wurde.

Das Gebiet, das wir versorgten, war riesengroß und es blieb vielfach nur ein Fieseler Storch als Verkehrsmittel übrig. Einmal wollte die Maschine einfach nicht abheben, weil der Boden zu morastig war, und wir landeten frontal auf der Böschung eines Dammes. Der Storch war vom Oberquartiermeister der Heeresgruppe, General Fink, ausgeliehen; dieser biedere Schwabe rief dann auch gleich den Generalintendanten an:

Fink: »Wisset se, wo ihr Schöchle ist?«

Rabus: »Soviel ich weiß auf einer Inspektionsfahrt.«
Fink: »Drekle, Drekle, mein Schtorch hot er he g'macht, i hons emmer g'sagt: Blut ond Boda g'hört net in Himmel nauf.«
Durch den ständigen Rückzug wurde es immer schwieriger, die Truppe mit Frischgemüse zu versorgen. Als wir letztendlich 1945 in Prag landeten, war meine einzige Sorge, daß die Hunderttausende von Jungpflanzen, die wir noch angezogen hatten, wenigstens noch der Versorgung der Flüchtlinge dienen konnten. Wir ahnten den Zusammenbruch, und so ließ ich die Pflanzen nach Bayern und Sachsen transportieren. Mit den in Prag stationierten Truppen führte ich auch meine Einheit – sie war auf vier Mann zusammengeschmolzen – in Pilsen in amerikanische Gefangenschaft.
Wieder war mir das Schicksal günstig gesonnen. Zwar stand in meinem Soldbuch als Heimatadresse Stuttgart, da aber meine Familie schon im zweiten Kriegsjahr nach Niederbayern gezogen war, weil meine Frau dort ein Kinderheim leitete, ließ ich mich nach Passau entlassen. Dadurch entging ich einem sehr zweifelhaften Schicksal. Die Württemberger wurden alle nach Stuttgart gefahren, wo ihnen, sobald sie den amerikanischen Lastwagen verlassen hatten, von einem französischen Kommando die Entlassungspapiere abgenommen wurden. Diese Unglücklichen, die sich schon zu Hause wähnten, wurden dann auf Lastwagen nach Frankreich transportiert. Einige kamen überhaupt nicht zurück, andere mit großen gesundheitlichen Schäden. Ich war in Passau ein freier Mann. Zu Fuß und per Güterwagen ging es nach Mengkofen, wo ich meine Familie unversehrt antraf.

Der heimkehrende Landmann

Nachdem ich einige Tage in Mengkofen geblieben war, suchte ich die Lage in Stuttgart zu erkunden. Mit einem alten Fahrrad, dessen Schläuche so porös waren, daß man die Reifen spätestens alle Stunde wieder aufpumpen mußte, machte ich mich auf den Weg. Teils fuhr ich mit dem Fahrrad, teils mit der Bahn, bis ich in Untertürkheim ausstieg und mich um drei Uhr morgens in den amerikanischen Sektor hinüberschlängelte. Dort fuhr ich mit dem Fahrrad bis Schmiden, ließ bei einem befreundeten Gärtner das Fahrrad stehen, lieh mir eine Hacke, krempelte die Ärmel auf, schulterte die Hacke und wandelte als »heimkehrender Landmann« Cannstatt und damit der Wilhelma zu.

Als ich in der Wilhelma ankam, war die Freude groß bei den wenigen, die noch geblieben oder besser gesagt zurückgekehrt waren. Die Wilhelma selbst bot einen traurigen Anblick. Die Schlößchen waren samt und sonders ausgebrannt, von den Gewächshäusern ragten nur noch die geborstenen Eisenkonstruktionen zum Himmel. Die Skelette der Pflanzen standen noch in den Gewächshäusern.

Nicht anders sah es in den anderen Anlagen aus. Der Rosensteinpark war hauptsächlich längs der Pragstraße von Bomben förmlich umgepflügt, und ein großer Teil der prächtigen alten Bäume waren nur noch Ruinen. Die Meierei Rosenstein war ein Schutthaufen, und die 100 Kühe waren verkauft, weil es zu gefährlich war, das mit Millionen Bombensplittern verseuchte Gras zu verfüttern. Im Schloßgarten war die Orangerie samt den 400jährigen Orangenbäumen total zerstört, und den Schloßplatz durchzogen kreuz und quer Trampelpfade. Wohin ich sah und hörte, war Resignation und Hoffnungslosigkeit.

Das durfte nicht so bleiben. Ich versammelte deshalb meine Mitarbeiter, soweit sie in Stuttgart geblieben oder aus Evakuierung und Krieg zurückgekehrt waren, und ermunterte sie, mit allen Kräften an dem Wiederaufbau unserer Gärten mitzuarbeiten. Der Betriebsschreiner mußte mit ein paar Leuten das einzig erhaltene Gebäude der Wilhelma, das Kesselhaus mit dem Kohlenbunker des Wintergartens instand setzen. Dieser Kohlenbunker war Umkleideraum, Aufenthaltsraum und Büro. Mit dem verbliebenen Traktor ließ ich die Rasenfläche der Wilhelma umpflügen und Gemüse anbauen, so daß wir noch im Herbst 1945 die Krankenhäuser Stuttgarts mit großen Mengen Frischgemüse versorgen konnten.

Ein besonderes Anliegen war mir die Wiederinstandsetzung des Schloßplatzes und der Anlagen im Herzen der Stadt. Ich wollte den Menschen wieder Hoffnung machen. Deshalb ließ ich die Löschwasserteiche und Splittergräben einebnen, und bereits im September 1945 prangte der Schloßplatz im Grün des jungen Rasens. In die Beete waren wieder Vergißmeinnicht und Goldlack gepflanzt, und Stiefmütterchen zeigten schon die ersten Blüten.

Man mag mir heute entgegenhalten, daß es besser gewesen wäre, mit diesem Arbeitsaufwand auch noch Gemüse zu erzeugen, wo doch so viele Menschen hungerten. Ich meine, die Blumen waren damals wichtiger, denn das bißchen Gemüse mehr wäre noch nicht einmal ein Tropfen auf den heißen Stein gewesen, während diese Grüninsel inmitten der Ruinenwüste Zehntausenden täglich Freude spendete. Wie dankbar die Menschen für dieses bißchen Grün waren,

15 *Vogel-Strauß-Politik (siehe S. 169)*

16 *O hätte ich nur immer so einen Panzer gehabt!*

zeigte sich darin, daß die Anlagen weder zerstört noch verunreinigt wurden. Während des Winters setzten wir jede freie Hand an, alle kranken und schwer angeschlagenen Bäume des Parks zu fällen, um die Bevölkerung mit Brennmaterial zu versorgen. Schon im Herbst ließ ich weitere Flächen im Rosensteinpark umbrechen, so daß wir zuletzt etwa 20 Hektar Land für Gemüseanbau unter dem Pflug hatten.

Wie kompliziert das alles war, will ich am Beispiel des Tomatenanbaus zeigen. Da wir nicht genügend Saatgut bekamen, zogen wir den Tomatensamen selbst, wobei wir eine strenge Auslese betrieben. Die Pflanzen mußten wir in wiederhergestellten Frühbeeten anziehen, weil die Gewächshäuser noch nicht eingeglast waren. Die ersten vier Wochen standen die Aussaatkisten in dem erwähnten Kohlenbunker, der nun auch noch als Gewächshausersatz herhalten mußte. Da wir 20000 Tomaten pflanzen wollten, brauchten wir ebensoviele Pfähle. Wir bekamen 1500 Fichtenstangen von der Forstverwaltung. Um daraus die Pfähle zu spalten, brauchten wir aber eine Kreissäge. Unsere Werkstätten waren ausgebrannt und die ausgeglühten Maschinen verrostet, also bauten wir uns selbst eine Kreissäge zusammen. Dieses Instrument wäre zwar unter keinen Umständen durch den TÜV gekommen, erfüllte aber seinen Zweck. Der nächste Engpaß war das Bindematerial, um die Tomaten aufzubinden. Auch das trieben wir irgendwie auf, so daß wir im Jahre 1946 2000 Zentner Tomaten den Krankenhäusern und Gemüsegeschäften zur Verfügung stellen konnten.

Dieses Beispiel zeigt, von wieviel Zufällen damals das Gelingen abhing. 1500 Fichtenstangen bedeuteten damals ein

Vermögen, aber ohne Kreissäge hätten wir immer noch keine Pfähle gehabt, und ohne Bindegarn hätten uns die schönsten Pflanzen ebensowenig genützt wie die besten Pfähle. Es war eine Zeit, in der einer auf den anderen angewiesen war, und nur wer bereit war, anderen zu helfen, wenn es ihm auch im Augenblick keinen Vorteil brachte, hatte auf die Dauer Aussicht auf Erfolg.
So hatten wir dank unserer beachtlichen Gemüseerzeugung die volle Sympathie des Landwirtschaftsamtes und wurden bei Zuweisung von Baumaterial, insbesondere von Glas, großzügig bedacht. Wir konnten deshalb unsere Gewächshäuser zum großen Teil vor der Währungsreform wieder aufbauen. Diese Gewächshäuser waren nicht nur bei der Gemüseerzeugung hilfreich, sondern wir konnten nun auch wieder die verlagerten Pflanzen der Wilhelma zurückbringen sowie neue Pflanzen kultivieren.
Durch meinen privaten DKW-Meisterklasse, den ich über den Krieg gerettet hatte, war ich beweglich und konnte die botanischen Gärten der amerikanischen Zone abklappern. Soweit sie ihre Pflanzenbestände gerettet hatten, halfen sie uns in der großzügigsten Weise. Wir konnten in den botanischen Gärten von Erlangen, Würzburg und München jeweils einen ganzen Lastzug großer Pflanzen, ohne die geringste Gegenleistung, abholen. Bald hatten wir wieder einen recht netten Pflanzenbestand zusammengebracht, als der Tag X der Währungsreform angekündigt wurde. Eine Fahrt verlief besonders abenteuerlich. So fuhr ich mit meinem Kakteenobergärtner eines Morgens um fünf Uhr nach Erlangen, um Kakteen und Sukkulenten zu holen. Den ganzen Tag packten wir Pflanzen ein. Mittags aßen wir in einem Gasthaus ein Stammgericht für fünf Gramm Fettmarken.

Als wir abends zurückfuhren, war ich so ermüdet, daß ich am Steuer einschlief. Ich wachte an einem heftigen Rumpler auf und stellte fest, daß wir im Straßengraben zwischen zwei Obstbäumen gelandet waren. Mein Beifahrer bemerkte in aller Seelenruhe: »I hon mir die ganze Zeit denkt, der Herr Direktor schläft glei ei.« Auf meine entsetzte Frage, warum er mich nicht geweckt hätte, meinte er: »I hon denkt, der Herr Direktor wird's scho recht machen.« Auf den Schreck hin war mein Schlaf verflogen. Nachdem wir den Wagen aus dem Straßengraben gezogen hatten, kamen wir dann gut nach Stuttgart. »Der Herr Direktor wird's schon recht machen«, wurde zum geflügelten Wort in der Familie.
Auch wenn viele darüber lächelten, ließ ich vor der Währungsreform sämtliches Gemüse, das nur halbwegs geerntet werden konnte, abernten und bot es den Gemüsehändlern an, die sich begeistert darauf stürzten. Sie glaubten nämlich, daß sie damit Sachwerte über die Währungsreform hinüberretten könnten. Aber das war ein Irrtum, den ich vorausgesehen hatte, denn alle Geschäfte füllten sich plötzlich mit Waren, auf die man so lange hatte verzichten müssen. Deshalb dachte niemand daran, seine kostbaren und wenigen D-Mark für Gemüse auszugeben, das man seit Jahren nur als dringend notwendige, aber unbeliebte Magenfüllung betrachtete. Damit waren wir die einzigen Gemüseerzeuger im Stuttgarter Raum, die nicht den größten Teil ihrer Ernte in den ersten sechs Wochen nach der Währungsreform auf den Kompost fahren mußten.
Auf einer Gemüsesorte wären wir allerdings fast sitzengeblieben. Auf unseren Äckern standen nämlich über 200 Zentner Mangold, und weder Krankenhäuser noch Händler wollten mir dieses Massenfutter abnehmen. In meiner

Not rief ich sämtliche erreichbaren Konservenfabriken an und erklärte ihnen, daß Mangold zur Herstellung der schwäbischen Nationalspeise Maultaschen wesentlich geeigneter wäre als Spinat. Ich erbot mich, ihnen den Kaufpreis so lange zu stunden, bis sie den konservierten Mangold verkauft hätten. Bis Mai 1949 war dann auch der letzte Mangold bezahlt.

Da Ende der vierziger Jahre unsere Hilfe bei der Gemüseversorgung nicht mehr erforderlich war, ließ ich ab 1948 jeden abgeernteten Acker mit Rasen einsäen und führte die Parkanlagen wieder ihrer eigentlichen Bestimmung zu.

Am schwierigsten war das bei der Wilhelma, denn wir konnten unmöglich die Besucher in die Pflanzenschauhäuser lassen, solange noch die zweieinhalb Meter tiefen Gräben vorhanden waren. Mit Hilfe des Bauamtes wurde deshalb das Kuppelhaus südlich der Landhausruine verglast und provisorisch als Palmenhaus eingerichtet. Den Gewächshaustrakt beim Wintergarten hatten wir bis auf den Wintergarten und das Azaleenhaus instand gesetzt. An den Wiederaufbau des Wintergartens selbst war vorläufig nicht zu denken, und der Wiederaufbau des Azaleenhauses war im Haushaltsplan des Bauamtes für 1949 vorgesehen. Dieses Haushaltsjahr begann am 1. April. Bis dahin mußte jedoch das Azaleenhaus längst stehen, denn wir wollten die Wilhelma mit der Azaleenblüte an Ostern eröffnen.

Es gelang mir, den gleichfalls unternehmungslustigen Bauinspektor Seifried, der die Wilhelma betreute, zu überreden, den Bauauftrag schon im Herbst 1948 einer Gewächshausbaufirma zu erteilen. Fertigstellungstermin sollte Mitte März 1949 sein. Allerdings durfte die Rechnung erst im April gestellt werden.

Da der Unternehmer ein halbes Jahr nach der Währungsreform den ganzen Betrag nicht solange kreditieren konnte, blieb mir nichts anderes übrig, als einen Posten Edelhölzer von den gefällten Bäumen der letzten Jahre zu verkaufen und das Geld dem Bauamt für die Abschlagszahlung zu leihen. Das war natürlich wieder ein Verstoß gegen die Haushaltsordnung, aber in den turbulenten Jahren vor und nach der Währungsreform durfte man nicht gerade zimperlich sein, wenn man etwas erreichen wollte.

Das Krokodil auf dem Rücksitz

Die Wiedereröffnung der Wilhelma mit einer für damalige Verhältnisse überwältigenden Azaleen- und Frühlingsblüte war nach den schweren Jahren für Zehntausende ein wunderbares Erlebnis. Dafür konnte man schon eine Rüge des Rechnungshofes in Kauf nehmen, dachte ich mir im stillen. Aber sie blieb aus.
Trotz dieses Anfangserfolges war mir bewußt, daß das Gebotene noch ziemlich bescheiden war. Ich hatte deshalb schon einige Zeit davor mit den süddeutschen Aquarienvereinen wegen einer größeren Aquarienschau in der Wilhelma verhandelt. Wir einigten uns auf vier Wochen Dauer und als Ausstellungsbeginn auf den Freitag vor Pfingsten. Die Wilhelma stellte die Räume und ließ 80 Becken in drei Größen von 70 Zentimetern, einem Meter und zwei Metern bauen. Außerdem bezahlten wir die Betreuer. Die Vereine erhielten zehn Prozent des Eintrittsgeldes.

Der Erfolg war großartig. An den beiden Pfingsttagen kamen über 40 000 Besucher in die Wilhelma, während in den Vorkriegsjahren 2 bis 3000 Besucher das höchste der Gefühle waren. Wir mußten Notkassen und zusätzliche Ein- und Ausgänge einrichten, um den Andrang zu bewältigen. Da auch in den folgenden Wochen der Besucherstrom anhielt, beschloß ich, die Ausstellung um weitere vier Wochen zu verlängern. Die vier Wochen sind freilich bis heute noch nicht vorbei, denn ich kaufte den größten Teil der Fische und machte das Aquarium zu einer Dauereinrichtung in der Wilhelma.
Während die Aquarienschau lief, hatte ich bereits die nächste Ausstellung in Gemeinschaft mit dem Staatlichen Museum für Naturkunde vorbereitet. Das Thema lautete »Wandlung der Pflanze in 500 Millionen Jahren«. Dabei wurde die heute lebende Pflanze ihren jeweiligen Verwandten der Vorzeit gegenübergestellt. Die Besucher sollten erkennen, daß die heute lebenden Pflanzen eine wesentlich längere Ahnenreihe aufzuweisen haben als wir Menschen. Der damalige Direktor des Museums freute sich sehr, seine Schätze zeigen zu können. Er tat einen tiefen Griff in seine leider auch heute noch in Kisten ruhenden Kostbarkeiten. Dadurch entstand nicht nur eine äußerst interessante Ausstellung, sondern auch eine von großer Schönheit. Gerade das wollte ich erreichen, denn nicht sterile Erklärungen, sondern Schönheit ist geeignet, das Interesse der breiten Öffentlichkeit zu wecken.
Diese Ausstellung war zwar kein Mißerfolg, denn sie hatte eine große Zahl äußerst interessierter Besucher aufzuweisen, aber der große Erfolg blieb aus. Wir erkannten klar, daß wir in den Sonderschauen etwas Attraktiveres als Pflanzen

bringen mußten. Was also lag näher als Tierschauen. Deshalb verhandelten wir schon während dieser Ausstellung mit dem Staatlichen Museum für Naturkunde über eine Ausstellung »Schlangen, Saurier und Krokodile«, die wir im Frühjahr 1950 eröffnen wollten. Sie sollte in den beiden Gewächshäusern nördlich der Festsaalruine stattfinden. Hier stellten wir diesmal das lebende Tier den Verwandten der früheren Erdzeitalter gegenüber.

Nun war es nicht schwer, beeindruckende Exponate aus dem Museum zu bekommen. Um so schwieriger war es, die lebenden Exemplare zu erhalten, denn der Tierimport aus Übersee war damals noch kaum in Gang gekommen. Ich war deshalb recht froh, als ich, vermittelt durch einen Gärtner aus Reutlingen, eine Anzahl Reptilien angeboten bekam.

Willi Jocher, der Besitzer der Tiere, hatte eine Wanderaquarienschau betrieben und war im Begriff, sie aufzulösen. Wir waren uns bald einig. Ich kaufte ihm die Tiere ab und bot ihm eine Tierpflegerstelle als Betreuer der geplanten Sonderschau an. Herr Jocher bewährte sich hervorragend. Aber auch nach dem Kauf war unser Tierbestand bescheiden, deshalb suchten wir jeden Winkel Deutschlands nach Reptilien ab. Ganz besonders war es uns darum zu tun, große Krokodile zu bekommen.

Es war Musik in unseren Ohren, als sich der Direktor des Naturkundemuseums in Karlsruhe bereit erklärte, das 1,80 Meter lange Krokodil seines Vivariums abzugeben, weil sein Terrarium für das Tier zu klein geworden war. Wir fuhren mit meinem PKW sofort nach Karlsruhe, um es abzuholen. Für den Transport banden wir ihm das Maul zu und stülpten ihm einen Sack über den Kopf. Dann legten wir es auf den Rücksitz des Wagens und fuhren los. Gerade als wir auf der Autobahn die Steilstrecke aus dem Rheintalgraben hinauffuhren, sagte mein Begleiter: »Der Fritz«, so hieß das Krokodil, »hat den Sack abgestreift.« Ich erklärte: »Wenn ihm das Maul zugebunden ist, macht das nichts.« Darauf die niederschmetternde Antwort: »Jetzt ist der Strick auch weg.« Und das alles auf der Autobahn an einer Stelle, an der wir unmöglich anhalten konnten. Zum Glück war die Außentemperatur wesentlich unter Null. So drehten wir die Scheiben des Wagens herunter und schalteten die Heizung aus. Die Bewegungen dieses Kaltblüters wurden dadurch langsamer, und wir konnten bei der nächsten Ausfahrt dem guten Fritz das Maul wieder zubinden. Diesmal machten wir es aber gründlicher, so daß wir alle drei wohlbehalten in Stuttgart ankamen.

Die Reptilienausstellung brachte entschieden mehr Besucher als die vorhergehende. Es bewährte sich auch hier, daß direkt neben den Petrefakten die lebenden Tiere gezeigt wurden. Für zahlreiche Stuttgarter war es eine große Überraschung, als neben einer lebenden Riesenschildkröte der ein Meter lange Rückenpanzer einer Schildkröte gezeigt wurde, die vor etwa 400 Millionen Jahren im Stuttgarter Raum gelebt hatte. Der Panzer war schon Jahrzehnte in der Schausammlung des Naturkundemuseums gezeigt worden, hatte aber keine Beachtung gefunden. Erst durch das lebende Tier begriffen die Besucher, wie reich und hochentwickelt die Fauna vor Millionen von Jahren auch in unserer Gegend war.

Als diese Ausstellung beendet war, ging es wie mit den Fischen. Wir behielten sämtliche Reptilien, und so war zu dem Aquarium auch noch ein Terrarium gekommen. Die

provisorischen Terrarien wurden durch stabile ersetzt und ebenso wie beim Aquarium eine klare Trennung zwischen Pflege- und Besucherräumen geschaffen.
Da die bisher gezeigten Ausstellungen einen eher belehrenden Charakter aufwiesen, war es an der Zeit, etwas Leichtes und Unterhaltsames zu bringen, das vor allem den Kindern Freude bereitet. Was war da geeigneter als das Thema »Tiere des deutschen Märchens«? Unsere Märchen bevölkert nämlich eine bunte Tierwelt, angefangen beim Bär und Löwen bis hin zum Hasen und Igel. Diese Tiere mußten selbstverständlich erst alle beschafft und Gehege für sie gebaut werden. So kaufte ich schon in der Zeit, als wir die Reptilien zusammensuchten, alle Tiere auf, die in diesen Themenkreis paßten. Soweit die Möglichkeit bestand, brachte ich die Neuerwerbungen im Anzuchtbetrieb der Wilhelma unter. Wenn das nicht möglich war, wie bei den Löwen und Bären, mußten die Verkäufer die Tiere so lange behalten, bis die Ausstellung eröffnet wurde. Das bedeutete, daß zum Beispiel die Tierhandlung Mohr in Ulm ein Paar Löwen und Bären ein Vierteljahr durchfüttern mußte, bis wir sie abholten. Da wir im Gegensatz zu anderen Kunden prompte Zahler waren, konnten wir die Firma dazu bringen.
Leider konnten wir nicht alle Märchentiere zeigen. Es fehlten uns natürlich die Fabeltiere, der Vogel Greif, das Einhorn und der Drachen, aber auch zwei wirklich lebende Tiere, der Kolkrabe und der Feldhase.
Den Kolkraben hätte ich zwar bei Garmisch fangen lassen können, verzichtete aber aus Naturschutzgründen darauf. Den Feldhasen konnte man damals noch nicht in Gefangenschaft halten, was heute durchaus möglich ist. Der Vollständigkeit halber ersetzte ich die beiden durch Wildkanin-

chen und Krähen und erläuterte im Begleittext die Unterschiede zwischen diesen »Stellvertretern« und den echten Feldhasen oder Kolkraben.

Da es sich in erster Linie um eine Ausstellung für Kinder handelte, eröffneten wir sie kurz vor den großen Ferien. Unsere Rechnung ging auf, die Wilhelma hatte Rekordbesuche zu verzeichnen. Dabei war alles noch unglaublich bescheiden. Die Gehege machten einen mehr als provisorischen Eindruck, und der Tier- und Pflanzenbestand konnte sich in keiner Weise mit der Fauna und Flora der Wilhelma heute messen. Die vielen Menschen, die zu dieser Ausstellung strömten, bestätigten mich in meiner Meinung, daß die Zukunft der Wilhelma in einem zoologischen Garten lag. Außerdem befürchtete ich, daß die Bundesgartenschau, zu der sich die Stadt Stuttgart rüstete, der Wilhelma als reinem Pflanzengarten große Konkurrenz machen würde.

»Die wilden Tiere haben zu verschwinden«

Die Wilhelma als Zoo, das war aber mit den Vorstellungen der Ministerialbürokratie auf keinen Fall vereinbar. Ich mußte also alles vermeiden, was Anlaß zu einem solchen Verdacht geben konnte. Das war auch der Grund, weshalb die Gehege oft wesentlich provisorischer wirkten, als sie tatsächlich waren.

Die beiden Ausstellungen des Jahres 1950 brachten wiederum ein hervorragendes finanzielles Ergebnis. Das Erfreu-

lichste daran war, daß es auch der Wilhelma direkt zugute kam. Denn wir hatten zum erstenmal im Haushaltsplan den Vermerk: »Mehrausgaben können in Höhe der Mehreinnahmen gemacht werden.« Dieser Planvermerk erlaubte uns nun, die Mehreinnahmen ohne einen weiteren Antrag zugunsten der Wilhelma zu verwenden. So konnten wir im Haushaltsjahr 1951 dank der beiden erfolgreichen Schauen nahezu 100 000 DM mehr für den weiteren Ausbau und die Vorbereitung der nächsten Schauen verwenden.
Wir machten uns also guten Mutes an die Vorbereitung der nächsten Schauen, einer großen Vogelausstellung und einer Ausstellung »Afrikas Steppentiere«.
Für das Vorhaben Nummer 1 lud ich den Verein der Vogelfreunde zur Teilnahme ein. Seine Exponate kamen in das südliche Gewächshaus beim Festsaal. Da der Wintergarten noch nicht verglast war, ließ ich dort große Volieren bauen, die in erster Linie für Papageienarten und Vögel der subtropischen und der gemäßigten Zonen vorgesehen waren. Damit wir Greifvögel und Geierarten unterbringen konnten, mußte die – noch desolate – Konstruktion der beiden hohen Gewächshäuser nördlich des Landhauses mit Drahtgeflecht überzogen werden.
Das Wassergeflügel brachten wir in den zahlreichen Teichen der Wilhelma unter. Die Kranicharten kamen auf die Wiesen und für die Fasanenarten entstanden die heute noch vorhandenen Gehege neben dem Bärenzwinger.
Damit hatten die Handwerker der Wilhelma alle Hände voll zu tun. Das Hauptproblem war wiederum die Beschaffung und vorläufige Unterbringung der Tiere bis zur Ausstellungseröffnung. Wir richteten deshalb in dem ehemaligen Pferdestall an der Pragstraße das sogenannte Winterquar-

tier ein und brachten dort die robusteren und vor allem die großen Vögel unter.

Die Papageien nahm ich in das Privatbüro in meiner Wohnung. Leider konnte ich nur vier Papageienkäfige auftreiben, und allmählich war die Zahl der Papageien auf 20 angewachsen. Zwei Papageien in einem Käfig unterzubringen, war unmöglich, da gab es Mord und Totschlag in diesem engen Raum. Es blieb nichts anderes übrig, als das ganze Büro auszuräumen, einige Kisten zu provisorischen Käfigen umzufunktionieren und die tugendhaftesten Papageien im Raum frei fliegen zu lassen.

Das ging alles gut, bis zur Konfirmation meiner beiden ältesten Kinder. In dem üblichen rasanten Aufbruch ging es zur Kirche und anschließend zum Essen in einen Gasthof. Als wir nach Hause kamen, trafen wir eine unbeschreibliche Verwüstung an. Die Polstermöbel waren von den scharfen Schnäbeln der Papageien aufgerissen, die schön ausgebreiteten Konfirmationsgeschenke ramponiert und angenagt, die Bücher, von denen einige umgetauscht werden sollten, waren zerfetzt. Offenbar waren in der Eile des Aufbruchs die Türen der Käfige beim Füttern und Tränken der Tiere nicht richtig geschlossen worden. Desgleichen war die Türe zwischen Büro und Wohnzimmer nicht richtig eingeklinkt. Jedenfalls hatten sich die Papageien während unserer Abwesenheit auf das Gründlichste im Wohnzimmer ausgetobt.

Daß die Möbel ramponiert waren, kann eine Hausfrau schon verbittern. Das hätte meine überaus geduldige Frau allerdings noch hingenommen, aber daß die Konfirmationsgeschenke ihrer Lieblinge ruiniert waren, war zuviel für ein Mutterherz. Ich konnte froh sein, daß lediglich die

Papageien aus der Wohnung gewiesen wurden und wenigstens ich bleiben durfte.
Schon sechs Wochen später eröffneten wir die Vogelausstellung, und damit hatte ich so viel Arbeit, daß ich von der dicken Luft gar nicht viel merkte. Denn an allen Ecken und Enden brannte es. Ich hatte nämlich in meiner Begeisterung viel mehr Vögel beschafft, als wir ursprünglich geplant hatten. Als wir in den letzten Wochen noch Nandu und afrikanische Strauße bekommen konnten, griff ich begeistert zu, ohne zu wissen, wer die insgesamt 700 Meter Zaun für die beiden Gehege setzen sollte.
Bei der Eröffnung waren trotzdem alle Gehege fertig und besetzt. Beim Rundgang staunten die Festgäste und waren begeistert. Die anwesenden Vertreter des Ministeriums staunten ebenfalls, aber begeistert waren sie nicht. Ganz im Gegenteil, besonders als sie die Kondore, Lämmergeier, Gänsegeier und Adler sahen. Überdies mußten sie feststellen, daß alle Tiere der vorhergehenden Schauen die Wilhelma auch noch bevölkerten.
In der darauffolgenden Woche erhielt ich den kürzesten Erlaß, den ich je bekommen hatte. Er lautete: »Die wilden Tiere haben zu verschwinden!«

Diana war an allem schuld

Was tun, spricht Zeus. Da einige Zeit davor der neue Finanzminister, Dr. Karl Frank, eingesetzt und in der Wilhelma ein junger Löwe geboren worden war, packte ich diesen kleinen, acht Tage alten Kerl in meine Aktentasche und brachte ihn zum Minister. Dann schlug ich dem Minister vor, diesen ersten in der Wilhelma geborenen Löwen zu taufen, wobei ich ihm eine große Publicity in Aussicht stellte. Nun hat Publicity immer etwas Verlockendes für einen Wahlbeamten. Ich erhielt eine Zusage, denn er wußte ja nichts von dem Erlaß, nach dem die »wilden Tiere« zu verschwinden haben. Der Minister fragte mich nur noch, was man bei einer solchen Taufe sagt. Ich schlug vor: »Die junge Löwin möge die Stammutter eines kräftigen Löwengeschlechts in der Wilhelma werden.« So geschah es denn auch, der Täufling erhielt den Namen Diana und wurde aus der Cannstatter Stadtkanne mit »Cannstatter Zuckerle« begossen. Die Presse des Landes war anwesend und brachte das Bild des löwentaufenden Finanzministers in großer Aufmachung. Auch lobte sie das warme Herz des Ministers für die Wilhelmatiere (Motto Finanzminister – kein kalter Rechner). Der Rundfunk übertrug den Taufakt live, auch er pries die Tierliebe des Ministers. Damit konnte von dem Verschwinden der wilden Tiere keine Rede mehr sein, denn Ministerwort ist Ministerwort.

Trotz des Mißfallens der Ministerialbürokratie wurde die Vogelausstellung ein großer Erfolg und die Einnahmen flossen reichlich. Was Wunder, daß ich bei der Tierbeschaffung für die nächste Ausstellung äußerst großzügig war. Da es mir inzwischen auch möglich war, über Italien exotische Tiere zu beziehen, stieg ich ganz groß ein und kaufte, was ich an Zebras, Antilopen, Gnus und ihren Verwandten bekommen konnte. Das Tüpfelchen auf dem i waren zwei Giraffen. Die Tiere kamen Anfang August vorschriftsmäßig in Genua an und reisten mit dem Zug bis München. Lei-

der mußten die Giraffen in München zur Quarantäne bleiben. Sie trafen in Stuttgart erst ein, als die Sommerferien längst vorüber waren. Trotzdem war ich sicher, daß diese Attraktion die Kassen füllen würde. Das wäre auch bestimmt geschehen, wenn nicht ausgerechnet der Oktober 1951 vollkommen verregnet gewesen wäre. Damit wurde das Loch in unserer Kasse groß und immer größer. Dazu wurde mir von unserem Kohlenlieferanten die Rechnung für das – wie alljährlich – eingelagerte Heizmaterial präsentiert. Da meine Geldmittel noch bis zum 31. März reichen mußten, blieb mir nichts anderes übrig, als Schulden zu machen. Ich verhandelte deshalb mit den Kohlen- und Tierlieferanten, daß ein Teil der Summen bis April 1952 gestundet wurde und bezahlte diesen Rest aus dem neuen Etat.
Ich schwor mir, in Zukunft vorsichtiger zu disponieren. Aber trotz aller guten Vorsätze bestellte ich noch im gleichen Herbst Elefanten, Tiger, Panther, Kragenbären, kleine Pandus, Affen, indische Antilopen und viele andere Tiere für die 1952 geplante Ausstellung »Tiere des indischen Dschungels«. Das war eigentlich recht riskant, und ich hätte aus den Schwierigkeiten, in denen ich gerade steckte, etwas mehr lernen sollen. Aber ich ging das Risiko ein, weil ich damals große Pläne hatte, die nur aus den Mehreinnahmen der Wilhelma finanziert werden konnten.
Ich wollte nämlich den Schloßpark in Ludwigsburg, der mir gleichfalls unterstand, über eine große Gartenschau anläßlich der 250-Jahr-Feier des Schlosses sanieren.
Da man aber nicht endlos mit Steigerungen der Besucherzahlen der Wilhelma rechnen konnte, denn diese war letztlich von der Bevölkerungszahl der nächsten Umgebung Stuttgarts abhängig, konnte ich sichere Mehreinnahmen

nur durch höhere Eintrittspreise erwarten. Die höheren Eintrittspreise konnten aber nur durch erhöhte Leistungen begründet werden. Deshalb blieb mir eigentlich gar nichts anderes übrig, als das Risiko einzugehen und die verschiedenen Tiere zu erwerben. Bei der Aufstellung des Haushaltsplanes hütete ich mich wohlweislich, die beabsichtigte Erhöhung der Eintrittspreise zu erwähnen, denn das hätte unweigerlich zu einer Steigerung der Einnahmen im Voranschlag und damit zu einer entsprechenden Verringerung der Mehreinnahmen geführt. Diese konnte ich ja aber laut Planvermerk zusätzlich verwenden. Nun wird jedermann sagen, dann hätte ich eben auf der Ausgabenseite eine höhere Summe einsetzen müssen. Leider wäre dies nicht bewilligt worden. Also blieb nur dieser nicht ganz gerade Weg.

Ich denk' mich laust der Affe

Im Herbst 1951 kam ein junger Mann zu mir, stellte sich als Student der Naturwissenschaften vor und teilte mir mit, daß er mit zwei Kommilitonen eine Tierfangexpedition nach Algerien unternehmen wolle. Die Tiere, die sie dort fangen würden, bot er uns zum Kauf an. Aus heutiger Sicht klingt so ein Angebot fast lächerlich, da jeder normale Bürger mit einem Reiseunternehmen im Billigtarif seinen Urlaub auf der halben Weltkugel verbringen kann. Ganz anders damals. Kaum ein Deutscher hatte die Möglichkeit, ein Visum nach Algerien zu bekommen. Eine vier- bis sechswöchige Exkursion nach dem sehr unruhigen Land barg damals sicher so viele Schwierigkeiten in sich wie heute eine Expedition in entlegene Amazonasgebiete oder in die Bergwälder von Neuguinea. Ich war natürlich sofort Feuer und Flamme, stellte ihm alle gewünschten Bescheinigungen aus und bestätigte der Air France, daß die Wilhelma bereit sei, die Luftfracht für sämtliche an uns gerichteten Tiersendungen zu übernehmen. Unsere Bedingungen waren, daß wir das Vorkaufsrecht auf alle bei uns eintreffenden Tiere bekamen und daß wir in der Presse die Exkursion als Wilhelmaexpedition bekanntmachen konnten. Beides wurde uns zugestanden, und wir sahen uns bereits im Besitz einer Horde der berühmten Affen von Gibraltar, die in dem Expeditionsgebiet haufenweise vorkommen sollten. Dazu träumten wir von ganzen Rudeln Wüstenfüchsen, Mähnenschafen, Reptilien, einfach von allem, was die Steppen-, Gebirgs- und Wüstenlandschaften Nordafrikas zu bieten hatten.

Als die erste Sendung ankam, freuten wir uns sehr. Gespannt packten wir aus. Als etwa 30 Dornschwänze mit 20 bis 30 Zentimeter Länge aus den Kisten herauskrochen, freuten wir uns zwar immer noch, aber ein Affe hätte uns doch besser gefallen als die vielen Echsen. Jedenfalls sahen wir, daß die jungen Leute aktiv waren, und hofften auf die nächsten Sendungen. Diese, die zweite und die dritte, trafen auch bald ein, aber wer beschreibt unsere peinliche Überraschung, als es wieder fast ausschließlich Dornschwänze waren. Wir telegraphierten: »Schickt keine Dornschwänze.« Aber dieses Telegramm mußten wir mehrmals wiederholen, denn bei jeder neuen Sendung stellten die Dornschwänze das Hauptkontingent. Wir waren aber wei-

terhin optimistisch und nahmen an, daß die drei Studenten es nicht riskieren wollten, die wertvollen Affen, Wüstenfüchse und andere Säugetiere ohne Begleiter zu verschikken.
Als sie ihre Ankunft mitteilten, fuhren wir deshalb mit einem großen Lastwagen zum Flughafen. Beim Ausladen des Gepäcks stellten wir fest, daß ein Personenwagen auch gereicht hätte, und als wir die Jagdbeute auspackten: Was kam ans Tageslicht? Wieder . . . Dornschwänze!
Wir waren natürlich ebenso betreten wie die drei Studenten, als sie erfuhren, daß für so viele Dornschwänze kein Absatz besteht. Leider hatten sie unsere Telegramme nicht erhalten. Zwar schwante ihnen bereits, daß sie einige Dornschwänze zuviel gefangen hatten. Aber andere Tiere waren kaum aufzutreiben. Die drei waren zur falschen Zeit nach Afrika gekommen. Es war nämlich um diese Zeit, besonders 1952, in den höheren Lagen bitter kalt, und viele Tiere hielten noch ihren Winterschlaf oder hatten sich in wärmere Gegenden verzogen. Außerdem war viel Land kultiviert und die echte Wildnis militärisches Sperrgebiet.
Trotzdem war diese kleine Expedition ein guter Presseerfolg, und die Bekanntschaft mit dem damaligen Studenten Wilbert Neugebauer führte dazu, daß ich in ihm später einen ausgezeichneten Mitarbeiter und einen hervorragenden Nachfolger gewann. Aber davon später mehr.
Inzwischen war es Frühsommer geworden, die Einnahmen flossen, und die alten wie die neuen Schulden waren bezahlt. Überall hämmerte und klopfte es in der Wilhelma. Zäune wurden gezogen und Tierunterkünfte gebaut, alles provisorisch, versteht sich. Diese Unterkünfte haben sich übrigens so trefflich bewährt, daß manche von ihnen heute

noch benutzt werden. Da die Tiere natürlich nicht alle auf einmal ankamen – sie reisten auf Schiffen von Indien nach Genua und von dort mit der Bahn nach Stuttgart –, mußte ich sie, wie in den Vorjahren, zuerst außerhalb des Schaubereiches unterbringen, um den Überraschungseffekt zu erhalten. Diese Quartiere waren noch provisorischer als provisorisch, was zu manchem Zwischenfall führte.
So hatten wir überraschend eine Gruppe Rhesusaffen bekommen. Ich brachte sie in einer Kammer unter, die mit einem Kohleofen beheizt war. Als ich einmal ein paar Vertretern des Finanzministeriums diese neueste Aquisition zeigte, öffnete einer der Herren unvorsichtigerweise die Käfigtüre. Sofort stürzten die Affen heraus und kletterten am nächsten Baumstamm hoch. Dieser vermeintliche Baumstamm war aber ein Ofenrohr, und der Ofen geheizt. Entsetzt sprangen sie deshalb zum Fenster und waren noch entsetzter, als sie dort plötzlich an eine unsichtbare Wand stießen, denn im Urwald hatten sie noch keine Bekanntschaft mit Glas gemacht. Durch diese Erlebnisse total verwirrt, waren die Affen heilfroh, als sie wieder in ihrem Käfig landeten.
Zum Glück dauerte der Aufenthalt für die Tiere in den Provisorien nicht mehr lange, und die Sonderschau »Tiere des indischen Dschungels« konnte eröffnet werden. Daß gleichzeitig der Eintrittspreis für Erwachsene von 50 auf 80 Pfennige angehoben wurde, habe ich bereits angedeutet. Wir waren natürlich sehr in Sorge, wie die Besucher auf diese Erhöhung um 60 Prozent reagieren würden. Um so überraschter waren wir, als sich die Besucherzahlen dadurch nicht verringerten, sondern erhöhten.
Bei dem Eröffnungsrundgang war wieder einmal großes Er-

staunen. Das größte Erstaunen zeigten auch diesmal die Zoogegner im Ministerium, als sie feststellen mußten, daß ein komplettes Raubtierhaus entstanden war, in dem sich Löwen, Tiger, Leoparden und schwarze Panther je paarweise befanden. Auf den Wiesen tummelten sich Nilgauantilopen und im nördlichen Wandelgang muntere Affen. Als sie gar noch die Elefanten sahen, schlug das dem Faß den Boden aus. An den Mienen der Herren war zu erkennen, daß ich diesmal den Bogen entschieden überspannt hatte.

Zum Glück hatte ich diese Reaktion vorausgesehen und die Gattin des Finanzministers gebeten, die beiden Elefanten zu taufen. Die Namen sollte die Bevölkerung vorschlagen. Das Preisgericht wurde von Vertretern der Presse und des Rundfunks gebildet.

Das alles erfuhren meine Widersacher in den Behörden am nächsten Morgen aus der Zeitung. Es kam deshalb zu dem lapidaren Erlaß: »Die Unterhaltung eines Zoos ist keine staatliche Aufgabe.« Nun, zu diesem Erlaß konnte man sich wenigstens äußern. Das tat ich mit Vergnügen auf folgende Weise:

»Was sind schon staatliche Aufgaben in Baden-Württemberg? Doch nur die Fortführung der Aufgaben, die wir von den ehemaligen Landesfürsten übernommen haben, wie der Betrieb eines Wasserwerks, die Unterhaltung ehemals königlicher oder großherzoglicher Gärten, einer Brauerei, einer Meierei oder der Majolikamanufaktur in Karlsruhe. Diese Liste ließe sich noch beliebig verlängern. Nun ließ König Wilhelm in seinen letzten Lebensjahren an der Stelle, an der heute die Schwabengarage steht, einen Zoo anlegen. Hätte er bis 1918 bestanden, wäre er zweifellos ebenso weitergeführt worden wie etwa die Meierei Rosenstein. Da jedoch König Karl die Damen des Balletts entschieden lieber waren als die Tiere seines Vaters, verkaufte er letztere und wandte sein Interesse dem Theater zu. Dadurch wurden Theater und Ballett wichtige Staatsaufgaben unseres Landes. Da jedoch offenbar das größte amerikanische Ballett nicht ausreicht, das Interesse des Repräsentantenhauses unseres großen Vorbildes Amerika zu finden, wurden dort die Tiergärten eine wichtige Staatsaufgabe, während Theater und Ballett privaten Mäzenen überlassen blieb.«

Trotz dieser manchmal recht scharfen Angriffe und Zurechtweisungen haben sich die Gegner meiner Zoopläne nicht ein einziges Mal wirklich unfair verhalten. Ja sie legten mir gegenüber eine erstaunliche Langmut an den Tag. Der Grund ihrer Ablehnung war nur die Sorge um die hohen Kosten, die durch einen Zoo auf den Staat zukommen könnten.

Während dieser Auseinandersetzungen, bei denen jeder recht oder unrecht hatte, je nach Standpunkt, waren körbeweise Namensvorschläge für die Elefanten eingegangen. Als beste Vorschläge wurden die Namen Zella und Vilja erkoren, da die Elefantendame Zella um die Jahrhundertwende jahrzehntelang der Publikumsliebling der Besucher des Nill'schen Tiergartens in Stuttgart war. Außerdem beherbergte der spätere Zoo auf der Doggenburg eine Elefantenkuh, die der musikbegeisterte Besitzer Vilja nannte. Damit war eine gewisse Verbindung mit den früheren Stuttgarter Zoos hergestellt. Bei der Taufe selbst verhielt sich die Gattin des Finanzministers ausgesprochen tapfer, denn es ist keine Kleinigkeit, zwei derartigen Kolossen, auch wenn es sich noch um Jungtiere handelte, als Patin gegenüberzustehen.

Speiseeis ist nichts für Antilopen

Dank der Erhöhung der Eintrittsgelder waren wir so flüssig wie noch nie, so daß ich das erstemal seit der Währungsreform keine finanziellen Sorgen für die Wilhelma hatte. Dafür stellte sich anderer Kummer ein. Die Mufflons wollten einfach nicht durchhaaren, so daß während des ganzen Sommers das Winterkleid klumpig an ihnen hing. Wir standen ebenso vor einem Rätsel wie der Tierarzt. Als die Schafe ihr Gehege an die Nilgauantilopen abgeben mußten, ging der Wechsel von Sommer- und Winterfell plötzlich anstandslos vonstatten. Dafür hatten wir beim Haarwechsel der Antilopen Schwierigkeiten. Dadurch wurde die Sache noch mysteriöser. Endlich kamen wir dahinter, daß unvernünftige Besucher am benachbarten Eisstand Speiseeis kauften und es den Tieren verfütterten. Darauf hob ich den Eisverkauf in der Wilhelma auf, und der alljährliche Haarwechsel machte keinerlei Schwierigkeiten mehr.

Was die wissenschaftliche Seite der Tiergärtnerei betraf, half mir mein zoologisches Studium einigermaßen, aber in der Praxis der Tiergärtnerei nützte es mir kaum. Wir mußten hier auf den Erfahrungen der Tierhaltung in der Meierei Rosenstein, der Zier- und Wassergeflügelhaltung in der Wilhelma und den Seen der Anlagen sowie einer bescheidenen Rot- und Damwildhaltung vor dem Kriege aufbauen. Im übrigen hieß es lernen, wo es irgendwie möglich war. Wir hatten natürlich auch keine erfahrenen Wildtierpfleger, und es blieb uns nichts anderes übrig, als unsere Mitarbeiter selbst auszubilden. In dieser Situation war es ein großes Glück, daß wir in Dr. Widmaier einen begeisterten Tierarzt

fanden, der unsere Tiere nicht nur tiermedizinisch gut betreute, sondern auch sonst mit Rat und Tat zur Verfügung stand.
Überraschend für mich war, wie rasch eigentlich der Lernprozeß bei uns allen vor sich ging. Der Hauptgrund dafür war, daß wir genau wußten, wie sehr wir und unser Tun beobachtet wurden. Es durfte einfach nichts schiefgehen. Denn sonst »gnade uns Gott«! Nicht nur die Zoogegner in den Ministerien sahen uns kritisch auf die Finger, sondern auch unsere Zookollegen, die uns fürs erste als Außenseiter nicht allzu ernst nahmen. Allerdings änderte sich das bald. Unser Außenseiterdasein hatte aber auch sein Gutes. Es fiel uns viel leichter als den anderen Zoos, in der Tiergärtnerei neue Wege zu gehen, da wir mit den überkommenen Vorstellungen der klassischen Tiergärtnerei nicht belastet waren. Auch konnte ich sehr viele botanische und gärtnerische Erkenntnisse auf die Tiergärtnerei übertragen.
So wußte ich als Gärtner um den Wert der Sonne bei Aquarien. Während man bisher allgemein grundsätzlich die Aquarien in lichtarmen Räumen aufstellte, legte ich auf möglichst viel Tageslicht bei den Aquarien den größten Wert. Das erforderte zwar wesentlich mehr Arbeit, denn die Glasscheiben mußten wegen des starken Algenwachstums häufig gereinigt werden, dafür erzielten wir aber Haltungserfolge bei den Fischen, wie sie kein anderes Aquarium aufzuweisen hatte. Unser besonderer Stolz waren die wertvollen Fische der Korallenregionen der Weltmeere, und die Wilhelma ist heute noch auf diesem Gebiet führend.
Wir übernahmen zum Beispiel auch vom Gewächshausbau den Grundsatz, alle Eisenteile zu verzinken. Auch die Elek-

trozäune wurden von uns erstmals in der Tiergärtnerei verwendet.
Eine wichtige Erkenntnis gewann ich, als ich beobachtete, wie die Elefanten der Wilhelma ihren Wärter an die Wand zu drücken versuchten. Wenn der Wärter nicht im letzten Augenblick entkommen wäre, hätte ihn dieser Versuch das Leben oder mindestens einige gebrochene Rippen gekostet. Mir wurde klar, wie unentbehrlich Gehorsamsübungen bei diesen Kolossen sind, um Gefahren an Leib und Leben der Tierpfleger zu vermeiden. Bald erkannte ich auch, daß gewisse Dressurübungen dem Wohlbefinden der Tiere förderlich sind. So waren unsere Ponys unnatürlich fett, bis wir das Kinderreiten einführten. Und es ist auch kein Geheimnis, daß die Raubtiere im Zirkus infolge ihrer täglichen Arbeit wesentlich weniger Schwierigkeiten bei der Geburt ihrer Nachkommen haben als die faul herumliegenden Raubkatzen im Zoo. Dieses überraschende, beinahe tägliche Dazulernen war mit das schönste Erlebnis beim Aufbau des Wilhelmazoos.
Inzwischen war ein großer Teil der alten Belegschaft aus dem Kriege und der Gefangenschaft heimgekehrt. Einige tüchtige Gärtner konnte ich zusätzlich einstellen. Allerdings ließen sich damals nur Mitarbeiter gewinnen, wenn man ihnen Wohnraum verschaffte. Deshalb versuchte ich, mit Hilfe des Bauamts jedes Wachhäuschen und jeden nur halbwegs geeigneten Raum als Wohnraum auszubauen. Hier wurde mir von seiten des Staatsrentamtes sehr geholfen, so daß wir Ende 1952 bereits 20 Familien und 30 ledige Mitarbeiter untergebracht hatten.
Einer der wertvollsten Mitarbeiter, den ich nach dem Krieg gewinnen konnte, war Garteninspektor Jochem, der mir bei

der Wiederherstellung des gartenbaulichen Teils der Wilhelma eine große Hilfe war. Leider mußte er aus gesundheitlichen Gründen viel zu früh ausscheiden.
Der gärtnerische Teil der Wilhelma wurde beim Wiederaufbau keinesfalls vergessen. Im Gegenteil, wir errichteten neue Anzuchthäuser und benutzten jede Gelegenheit, die Pflanzensammlungen zu bereichern. So konnten wir 1952 5000 Orchideen, eine der bedeutendsten Sammlungen Deutschlands, in Berlin erwerben.
Das gärtnerische Hauptereignis des Jahres 1952 war die Instandsetzung des Wintergartens. Dank des Verständnisses des Staatlichen Hochbauamts und der freudigen Mitarbeit des örtlichen Bauinspektors Seifried war es möglich, unter Wiederverwendung der alten Gußeisenkonstruktion eine große, lichte Halle aufzurichten, deren Scheitelhöhe wesentlich gehoben werden konnte. Trotzdem standen die acht Säulen der alten Gußeisenkonstruktion äußerst störend im Raume. Ich schlug deshalb vor, die Säulen in einem dunklen Grün zu streichen und die waagrechten Konstruktionsteile, die sich gegen den Himmel abhoben, in einem beinahe weißen Steingrau zu halten. Dann pflanzten wir die schweren und massigen Phönixpalmen und andere blätterreiche Exoten möglichst weit an den Rand des Gewächshauses. Die eleganteren Palmenarten mit ihren schlanken Stämmen ordneten wir um fünf der Säulen an, so daß diese als weiter tragendes Element mit den Stämmen mitschwingen konnten. Vor eine der restlichen Säulen setzten wir die mächtigste Phönixpalme.
Ein großer Teil dieser Palmen stammte aus dem reizvollen Stadtgarten von Lahr. Sie waren der Wilhelma vom Oberbürgermeister der Stadt Lahr auf Veranlassung des Garten-

amtsleiters Brennemann zum Wiederaufbau gestiftet worden. Es war nicht nur ein großzügiges, sondern auch ein großes Geschenk im wahrsten Sinne des Wortes, denn wir brauchten zwei Lastzüge, um diese Spende in die Wilhelma zu befördern.

Die Königin der Nacht und das Straußen-Rührei

Im Jahr 1952 sollte auch wieder ein großer Festzug zum Wasen anläßlich der Volksfesteröffnung stattfinden. Auch die Wilhelma wurde aufgefordert, sich mit einem Wagen zu beteiligen. Ich ließ zu diesem Zweck von einem jungen Bildhauer einen mächtigen Elefanten nachbilden, der auf einem großen Plattenwagen stand. Tagelang schlich ich um den werdenden Elefanten herum. Ich war einfach unbefriedigt von dem Gedanken, daß wir lediglich dieses tote Stück durch die Straßen schleppen sollten; mir fehlte einfach der Pfiff an der Geschichte. In letzter Minute kam mir die rettende Idee. Ich ließ Gasflaschen auf dem Boden des Wagens montieren und führte von den Flaschen durch die Hinterbeine Druckschläuche in das Innere des Elefanten. Im Inneren des Elefanten steckten zwei Männer, die Luftballonhüllen über die Ventile der Schläuche zogen und sie am Hinterteil des Elefanten ins Freie entließen. Der Erfolg war durchschlagend. Gespannt verfolgten die Zuschauer das Entstehen eines Ballons oder gar einer Riesenwurst am Allerwertesten des Dickhäuters.
Dieser Elefant war der absolute Star des Festzugs und keine

württembergische Zeitung versäumte es, ein Bild von ihm zu bringen.
Damit sind wir zu einem wichtigen Kapitel in der Geschichte der Wilhelma gekommen, nämlich zu dem Kapitel Werbung. Die Werbung war für uns ebenso wichtig wie die richtige Planung von Ausstellungen oder die Tier- und Pflanzenbeschaffung. Wir machten Werbung durch Plakate, Prospekte, Aufkleber, Rundschreiben, Anzeigen und ähnliches mehr, aber den Ausschlag gaben die Veröffentlichungen in der Presse und im Rundfunk. Hier muß ich sagen, daß die Wilhelma bei den verschiedenen Medien wahre Freunde besaß. Vor allem von den Stuttgarter Tageszeitungen wurde die Wilhelma in einer überaus wohlwollenden Weise behandelt und in zahllosen Artikeln besprochen. So haben die Presse, der Hörfunk und das Fernsehen einen ganz entscheidenden Anteil an der Entwicklung des Zoos in der Wilhelma.
Die Presse stets mit so aktuellen Nachrichten zu versorgen, daß sie auch veröffentlicht wurden, war gar nicht einfach. Man bedenke, daß ich während der 37 Jahre, in denen ich die Geschicke der Wilhelma leitete, jede Woche mindestens eine Pressemeldung herausgab. Manchmal mußte ich schon kräftig am Federhalter saugen, um Pflanzen und Tiere der Wilhelma publizistisch an den Mann zu bringen. In der sogenannten Sauregurkenzeit ging es ja noch, aber wenn sich die politischen Ereignisse überstürzten und die Medien Stoff in Hülle und Fülle hatten, konnte man nur mit wirklich interessanten Nachrichten landen. Deshalb durfte man sein Pulver nicht sinnlos verschießen und nicht zu viele attraktive Tatsachen in einen Artikel hineinpacken.
Von Anfang an hatten wir auch Wert darauf gelegt, daß un-

sere Pressekonferenzen eine persönliche Note hatten. Sobald der Wintergarten wiederaufgebaut war, fanden sie bei Kerzenlicht unter Palmen statt. Es gab dazu zwei württembergische Spitzenweine, Eilfinger Berg und Mundelsheimer Käsberg aus den Weingütern der württembergischen Hofkammer, und Berge von Butterbrezeln. Dazu wurden die neuesten Histörchen vom Kampf mit der Ministerialbürokratie serviert. Allerdings waren diese nicht zur Veröffentlichung bestimmt, sondern streng vertraulich. Zur Ehre der Teilnehmer an diesen Konferenzen muß gesagt werden, daß dieses Vertrauen nie mißbraucht wurde, wenn es auch so manchen verlockte, diese Streiche zu veröffentlichen.
Nach dem Motto »mit Speck fängt man Mäuse« ließen wir uns immer aufs neue besondere Anlässe einfallen, um auch die Spitzenleute aus den Redaktionen in die Wilhelma zu ziehen.
Ein Beispiel ist die Einladung der Journalisten zur Blüte der Königin der Nacht. Diese Kakteenart blüht am Abend auf und ist am Morgen verblüht. Da bei Nacht die Gewächshäuser geschlossen sind, hat die Pflanze nur einen geringen Schauwert. Trotzdem ließ ich eine größere Zahl heranziehen. Als eine Menge von Blüten zu erwarten war, bat ich die Presse zu einer besonderen Überraschung in die Wilhelma. Wir waren natürlich in großer Sorge, ob die meisten Blüten genau an diesem Abend aufgehen würden. Die Presseleute nahmen gespannt Platz. Nach dem üblichen Umtrunk bat ich meine Gäste, mir in das Kakteenhaus zu folgen. Hier waren etwa 40 riesige Knospen der Königin der Nacht im Begriffe, sich zu öffnen. Da dies gewissermaßen in Zeitlupe vor sich geht, konnten wir dabei zusehen. Wir schnitten einige Knospen ab, stellten sie in Vasen auf den Tisch, so daß

wir nicht nur der Entfaltung der Blume, sondern auch den Wein genießen konnten. Zum Schluß durfte jeder Gast noch eine Blüte mitnehmen, um sich zu überzeugen, daß nach wenigen Stunden die ganze Pracht vorüber war. In den nächsten Tagen waren herrliche Bilder und glänzende Schilderungen der Königin der Nacht in den Zeitungen des ganzen Landes.

Aber nicht nur Romantik, sondern auch kulinarische Überraschungen wurden von uns als Gags angeboten. So luden wir einmal zu einem Straußeneieromelett ein. Unsere Straußeneier waren nämlich unbefruchtet, da der Straußenhahn trotz der schönsten Hochzeitstänze offenbar ein Versager war. Also konnten wir sie zu Werbezwecken ruhig dem menschlichen Genuß zuführen.

Als sich die Redakteure und Reporter versammelt hatten, prangten auf einer Waage drei Straußeneier. Die Gäste konnten sich überzeugen, daß die Eier zusammen weit über drei Kilo wogen. Dann erschien ein Oberpräparator des Staatlichen Museums für Naturkunde, das die Eierschalen für die Sammlung bekommen sollte. Mit einem großen Bohrer bohrte er ein Loch und führte eine Pumpe ein, um das Ei auszupumpen. Während die dickschaligen Hüllen ausgiebig beklopft und bestaunt wurden, mischte der Koch, der das Omelett am Tisch zubereitete, das Pumpgut mit 100 Hühnereiern. Hatten die Zuschauer schon über die Mengen Eiweiß und Eigelb aus den Straußeneiern gestaunt, so staunten sie noch mehr über die fast unerschöpflichen Omelettmengen, die aus der Pfanne kamen. Dank des Hühnereierverschnitts war das Omelett sehr wohlschmeckend, denn ein reines Straußeneieromelett hätte wesentlich strenger geschmeckt.

Nicht ganz so begeistert waren unsere Freunde von der Presse, als wir ihnen einen Bärenschinken servieren wollten. In einem bekannten Lokal in Stuttgart wurde nämlich einmal zwischen den beiden Weltkriegen Bärenschinken angeboten. Da der Bär als Wild nicht auf Trichinen untersucht wurde, aber davon befallen war, kam es zu verschiedenen Todesfällen. Obwohl das traurige Ereignis schon recht lange her war, saß es den Stuttgartern noch heftig in den Knochen. Deshalb waren die Gäste, als sie erfuhren, daß sich auf den verlockenden Platten die wohlschmeckenden Hinterbacken eines Bären befanden, nicht gerade freudig erregt. Das hatte ich vorausgesehen und den Schlachthofdirektor sowie den zuständigen Metzger gebeten, mit mir die ersten drei Schinkenbrötchen zu verspeisen. Da war das Eis gebrochen. Später gestanden mir einige Teilnehmer, daß es gut war, den Schlachthofdirektor und den Metzger als Vorkoster einzuladen, denn wenn ich allein gekostet hätte, wer weiß . . .? Um die Vertreter der Massenmedien zu ködern, ging ich ab und zu so weit, daß ich ein Tier oder eine Pflanze deshalb kaufte, weil sich eine interessante Geschichte darüber erzählen ließ.

So erfuhr ich durch einen Freund von dem in Rottweil geborenen Orchideenjäger Röbelin. Röbelin war ein bedeutender Pflanzensammler, nach dem auch eine der schönsten Phönixpalmen, der Phönix Röbelini, benannt ist. Er war ein Weltenbummler par excellence und trieb sich überall da in den Urwäldern herum, wo die Welt noch unbekannt, aber nicht ungefährlich war. Er fand in einer Schlucht des Himalaya eine Orchidee mit einer herrlichen porzellanblauen Blüte. Es ist eine prachtvolle Abart der Vanda coerulea mit einer ungewöhnlich großen Blüte und einem schachbrettartigen Muster auf den Blütenblättern. Er brachte eine größere Menge Pflanzen nach Europa und nannte sie nach einem Freund, dem Orchideenzüchter Hennis in Hildesheim, Vanda Hennisiana.

Als diese Pflanze in Europa das erstemal blühte, waren die Kenner begeistert, und es wurden Röbelin stattliche Summen geboten, wenn er noch mehr dieser Orchideen aus dem Himalaya hole. Leider kehrte er von dieser Sammelreise nicht mehr zurück, und man hat auch nie etwas über sein Schicksal erfahren.

Diese Geschichte ließ mich nicht mehr ruhen, und ich setzte Himmel und Hölle in Bewegung, bis ich eine Vanda Hennisiana erwerben konnte. Als sie das erstemal in der Wilhelma blühte, lud ich die Vertreter von Presse und Rundfunk in den Wintergarten ein. Auf dem Tisch prangte die Vanda Hennisiana in ihrer ganzen Schönheit, daneben stand ein Phönix Röbelini.

Ein weiteres Beispiel für meine werbewirksamen Einkäufe ist der Palmenroller. In Java lebt eine Schleichkatzenart mit diesem Namen. Wenn die Früchte des Kaffeestrauches reif sind, kommen die Tiere in die Plantagen und verzehren die wie Kirschen aussehenden Früchte. Nun sind die in den Früchten vorhandenen Kaffeebohnen unverdaulich und gehen mit dem Kot ab. Dieser Kot wird von ihnen als grauweiße Häufchen zusammengeklebter Kaffeebohnen auf den Trampelpfaden in den Plantagen abgesetzt. Da die Palmenroller nur die besten und reifsten Früchte fressen, sind in diesen Häufchen auch die schönsten und wohlschmeckendsten Kaffeebohnen. Deshalb sammeln die Eingeborenen die Häufchen sorgfältig, waschen die Bohnen aus und handeln sie unter dem Namen »Kaizerkaffee«.

Wer die vorhergehenden Zeilen gelesen hat, braucht nicht lange zu überlegen, weshalb ich einen Tierhändler, der gute Verbindungen nach Indonesien hatte, nicht mehr in Ruhe ließ, bis er mir einen Palmenroller beschafft hatte. Als die Katze eingetroffen war, warteten wir nur noch ab, bis die Früchte unseres Kaffeebaumes so reif waren, daß sie vom Palmenroller gefressen wurden. Alles klappte großartig, die Häufchen ließen wir im Zwinger, aber als wir bei der Pressekonferenz Kaffee anboten, blieben alle Journalisten beim Wein.

Nicht zuletzt durch unsere Phantasie bei den Pressekonferenzen gewannen wir Kampfgenossen für den Ausbau der Wilhelma als Zoo. Durch die gute Publicity schwoll aber auch der Besucherstrom derart an, daß wir uns bald genötigt sahen, auf unserem Gelände Zonen zu schaffen, wo ein paar tausend Menschen für längere Zeit unterhalten werden konnten. Deshalb erweiterte ich den Raum um die Elefantenanlage. Gleichzeitig arrangierten wir hier kleine Dressurvorführungen. Im folgenden Jahr bauten wir den Robbenteich und eine Affenspielanlage. An Sonn- und Feiertagen und während der Ferien beobachteten Tausende die Vorführungen der gelehrigen Tiere. Sie amüsierten sich großartig und ließen während dieser Zeit den anderen Besuchern den Platz an kleineren Gehegen und in den Gewächshäusern oder Aquarien.

Bei den ersten drei Sonderschauen tangierten die Tiere die Gartenanlagen der Wilhelma nicht, weil sich die Ausstellungen in den Gewächshäusern abspielten. Das änderte sich aber bei der Ausstellung »Tiere des deutschen Märchens«. Da alle Tiere, die hier zu sehen waren, ausgenommen die Löwen, bei uns im Freien vorkommen, mußten wir

17 *Jahrelang eine Attraktion: Tristan macht Männchen*

18 *In aller Welt berühmt: das neue Aquarium der Wilhelma*

19 *Doppelportrait eines Dickhäuters*

13.3.65 S.F.

20 *Das Blühende Barock wird eingeweiht oder Rache ist süß (siehe S. 191)*

uns von diesem Zeitpunkt an genau überlegen, wo wir Tiergehege anlegen konnten, ohne das Gesamtbild zu stören. Das bedeutete, daß der maurische Garten ebenso unberührt bleiben mußte, wie die Flächen zu beiden Seiten des Festsaals und die große Freifläche entlang der Gewächshäuser. Hier konnte ich nur die zierlichen Flamingo um einen kleinen Teich herum unterbringen, weil sie den üppigen Blumenpflanzungen zu einer letzten Steigerung verhalfen. So blieben für die Planung des Zoos nur fünf, von hohen Alleen umgebene Rasenflächen, das Gelände längs der Pragstraße und der Garten der ehemaligen Wilhelmatheater-Gastwirtschaft übrig.

Wir ordneten alle neuen Tierunterkünfte so an, daß sie von Bäumen und Sträuchern verborgen waren. Dabei legten wir ihre Ausmaße so fest, daß sie durch die Eigenwärme der Tiere beheizt wurden und sich harmonisch in das Gelände einfügten. Zu unserem eigenen Erstaunen hatten wir dadurch einen nahezu idealen Haustyp entwickelt, der als Nachtquartier für eine verhältnismäßig große Zahl von Tieren geeignet war. Bei den beiden Flächen längs der südlichen Allee verzichteten wir sogar auf sämtliche Unterkünfte und brachten hier nur Vögel unter, die keinen geschlossenen Raum annehmen.

Zwei weitere Ereignisse aus dem Jahre 1952 möchte ich noch kurz anfügen. Durch eine Personalveränderung konnte ich Herrn Jocher, einen meiner erfahrensten Mitarbeiter, mit der Oberaufsicht über den gesamten Tierbestand betrauen. Außerdem wurde die Wilhelma als Lehrbetrieb für Tierpfleger anerkannt.

Der Hauptgrund, mich dafür einzusetzen, war die finanzielle Besserstellung meiner in der Tierpflege tätigen Mitarbeiter. Solange Tierpflege kein Lehrberuf war, konnten auch die tüchtigsten Leute nur als ungelernte Arbeiter bezahlt werden. Ich hatte deshalb mit der Abteilung Landwirtschaft beim Regierungspräsidium verhandelt und stieß dort auf volles Verständnis. Aufgrund meines Staatsexamens in Zoologie und meiner Tätigkeit in der Wilhelma wurde ich zum Lehrmeister ernannt. Jetzt konnten wir den ersten Tierpflegerlehrling einstellen, und die älteren Mitarbeiter kamen nach einer Übergangsprüfung in den Genuß besserer Bezahlung.

Das Jahr 1953 brachte uns die Konsolidierung des Tierbestandes in der Wilhelma. Durch die verschiedenen Ausstellungen hatten wir zwar eine Vielzahl von Tieren, aber es war doch ein ziemlich wahllos zusammengewürfelter Haufen. Es galt deshalb, die Sammlung nach zoologischen Gesichtspunkten auszubauen, denn eine reine Anhäufung von Tieren ist ebenso unbefriedigend, wie etwa das Sammeln von Briefmarken oder Münzen ohne System. Ganz abgesehen davon, daß ja das Publikum eine Übersicht über die zahlreichen Arten und Rassen bekommen sollte. Wir wollten dem interessierten Besucher die Möglichkeit bieten, gewissermaßen eine Reise um den Erdball zu machen, um die Schönheit und Mannigfaltigkeit der Tier- und Pflanzenwelt zu erleben. Drei wesentliche Stationen auf dem Weg zu diesem Ziel finden sich im Jahr 1953: 1. die Tombola auf dem Schloßplatz, die wir gemeinsam mit dem ADAC veranstalteten, 2. der 100. Geburtstag der Wilhelma, 3. die Eröffnung des Kleinraubtierhauses.

Da natürlich ein staatlicher Betrieb auf keinen Fall eine Tombola veranstalten und ebensowenig dafür Sachspenden bei Geschäftsleuten sammeln konnte, mußte ich einen anderen Träger für diese Veranstaltung suchen. Was lag da näher als der Württembergische Gartenbauverein, dessen Vorsitzender ich war. Die Hauptgewinne der Tombola waren ein Holzhaus, das auf dem Schloßplatz aufgestellt war und während der Veranstaltung der Tombola als Büro diente, sowie einige Volkswagen. Dazu hatten Stuttgarter Firmen Kühlschränke, Küchenmaschinen, Fotoapparate, Staubsauger und andere damals noch sehr begehrte Artikel gestiftet. Die Eröffnung hatte Innenminister Fritz Ulrich übernommen. Der Rummel in den ersten Wochen war unbeschreiblich. Selbst ich hätte, wenn ich das vorausgesehen hätte, kaum den Mut aufgebracht, diese Tombola zu veranstalten. Zum Glück hatte ich im ADAC einen Partner, auf den ich bei meinen Vorgesetzten im Ministerium einiges schieben konnte.

Als sich für die Wilhelma ein Reinerlös von über 150000 DM ergab, legte sich ihr Groll, aber sie versuchten sofort, die Summe zu vereinnahmen. Da hatten sie aber die Rechnung ohne den »Vorsitzenden Schöchle« gemacht. Der Württembergische Gartenverein behielt sich die Verfügung über das Geld zugunsten der Wilhelma vor. Zur Vorsicht ließ ich den Briefwechsel mit dem Ministerium von meinem Stellvertreter im Vorstand des Vereins unterschreiben. So hatte die Wilhelma einen beachtlichen Notgroschen für Vorhaben, die das Bauamt nicht genehmigen wollte und die ich deshalb aus etatrechtlichen Gründen beim besten Willen nicht durchführen konnte.

Während der Tombolarummel auf dem Schloßplatz in Stuttgart noch lief, bereiteten wir das Jubiläum der Wilhelma vor.

Die Feier fand im Wilhelmatheater statt, das damals als Kino genutzt wurde. Für die Festrede konnte ich den Ministerialdirektor des Finanzministeriums, Staatsrat Vowinkel, gewinnen. Seine Bedingung war, daß ich die Festrede entwarf. Ich lieferte sie allerdings so spät wie möglich ab, um eine Änderung zu verhindern, denn ich hatte unter anderem folgenden Satz eingeschmuggelt: »Die Tiere sind inzwischen ein so wesentlicher Bestandteil der Wilhelma und ein so interessantes Erlebnis für ihre Besucher geworden, daß man sie sich ohne Tiere gar nicht mehr vorstellen kann.« Anläßlich der Jubiläumsfeier wurde auch das Kleinraubtierhaus hinter der Damaszenerwache eröffnet. Wir hatten es mit eigenen Mitteln und Handwerkern aus einer alten, baufälligen Voliere gebaut. Wildkatzen, Tigerkatzen, Zibetkatzen, Luchse, Silberlöwen, Ozelot, Servale, Ichneumon und Weißschwanzmangusten fanden dort ihr Zuhause.

Was niemand für möglich gehalten hatte, trat ein. Auch dieses Jahr brachte eine weitere Steigerung der Besucherzahlen und damit der Einnahmen. Das Geld brauchte ich auch ganz dringend, denn die Vorbereitungen für die Jubiläumsgartenschau in Ludwigsburg liefen auf höchsten Touren.

»Jetzt hat der Chef den Verstand verloren«

Der Schloßpark in Ludwigsburg lag für Jahrzehnte im tiefsten Dornröschenschlaf. 1947 war er mir unterstellt worden, aber erst nach der Währungsreform konnten wir an eine Sanierung denken.

Der erste Schritt war die Neubesetzung der Stelle des ausscheidenden Obergärtners. Zufällig suchte Garteninspektor Redmann, den ich während des Krieges bei der Zivilverwaltung in Lemberg kennengelernt hatte, einen Arbeitsplatz. Als ich damals mit ihm zu tun hatte, imponierte mir seine absolut saubere Haltung und die Art, wie er sich mutig für die Interessen seiner polnischen Mitarbeiter einsetzte. Ich hätte keinen besseren Griff tun können. Trotz der anfänglich wirklich schlechten Bezahlung engagierte er sich voll und ganz für den Schloßgarten Ludwigsburg und war bis zu seinem Ausscheiden aus Altersgründen die Seele des Blühenden Barocks. Mit ihm hatte ich auch die berechtigte Aussicht, den total verwilderten Park hinter dem Schloß wieder in Ordnung zu bringen. Diesmal waren es die Denkmalschützer, die uns an einer gründlichen Durchforstung hindern wollten.
Eines Tages legte mir Herr Redmann ein Plakat vor, darauf war ein Mann mit einem Stock zu sehen und darunter stand der lapidare Satz: »Wer hat diesen Mann gesehen?« Es handelte sich um das Phantombild des mutmaßlichen Entführers eines Mädchens, das vermutlich im Schloßpark verschwunden war. Sofort rief ich den Polizeidirektor von Ludwigsburg an. Dieser wollte sich entschuldigen, daß er das Plakat ohne unser Einverständnis an den Bäumen des Parks anschlagen ließ. Zu seinem Erstaunen erklärte ich ihm, daß er mir keinen größeren Gefallen erweisen könnte, als noch weitere hundert Plakate an den Bäumen zu befestigen. Dann verabredeten wir eine Pressekonferenz, in der wir die unhaltbaren Zustände im Ludwigsburger Schloßpark schilderten. Drei besonders schwerwiegende Beispiele konnten wir anführen: 1. das Verschwinden des Mäd-

chens, 2. den Unterschlupf eines Raubmörders in einer Höhle beim Wasserfall bei der Emichsburg, und 3. den Umstand, daß aus der Sanddole, einem unterirdischen Gang, der als Abwasserkanal diente, zwei Lastwagen Diebesgut von der Polizei herausgeholt worden waren.

Die Zeitungen brachten dies in großer Aufmachung. Sie berichteten auch, daß wir durch Auslichten des Geländes derartige Dinge unmöglich machen würden. Zwar waren die Denkmalpfleger gegen die Veränderung des Parkes, aber bis sie sich von ihrem Schreck erholt hatten, waren wir mit unserer Arbeit fertig.

Das zweite Ereignis, das uns vorwärts brachte, war der schon früher erwähnte Planvermerk im Haushaltsplan. Die staatlichen Gärten waren ein gemeinsamer Betrieb, und ich konnte deshalb Mittel aus den Mehreinnahmen der Wilhelma für Ludwigsburg einsetzen. Trotz der günstigen Umstände war es unmöglich, die Anlagen von Ludwigsburg mit den vorhandenen Mitteln zu sanieren. Es mußte zu viel erneuert, verbessert und beseitigt werden. Das erforderte sehr viel Geld, das auf gar keinen Fall vom Finanzministerium zu bekommen war. Schließlich lagen das Kriegsende und die Währungsreform erst wenige Jahre hinter uns, und man hatte wirklich andere Sorgen als die Sanierung des Schloßgartens in Ludwigsburg, der ohnehin nur als eine unerfreuliche Belastung des Etats empfunden wurde. Wir mußten also eine andere Lösung finden.

Beim Besuch der äußerst mäßigen Bundesgartenschau 1951 in Hannover gewann ich die Überzeugung, daß wir in Ludwigsburg eine wesentlich bessere Schau aufziehen könnten. Ich überlegte mir, daß wir durch eine solche Gartenschau den Park auf einen Schlag in Ordnung bringen könnten. Es mußte klappen, ich war fast sicher, denn ein aktueller Anlaß, besser gesagt sogar zwei, ließen sich auch finden. 1954 wurde das Schloß Ludwigsburg 250 Jahre alt und der Württembergische Gärtnereiverband konnte sein 50jähriges Bestehen feiern.

Ich war von meiner Idee so begeistert, daß ich sie sofort meinem Mitarbeiter Redmann, den ich nach Hannover mitgenommen hatte, auseinandersetzte. Die Wirkung war frappierend. Redmann klappte den Unterkiefer herunter, trat einen Schritt zurück und riß die Augen auf. Erst nach einiger Zeit rang er sich die Worte ab: »Wenn Sie meinen?« Später vertraute er mir an, daß sein erster Gedanke war: »Jetzt hat der Chef den Verstand verloren!«

Noch in Hannover trug ich dem Präsidenten des Württembergischen Gärtnereiverbandes, Stadtrat Hausmann, meine Idee vor, und er war davon recht angetan. Eine solche Gartenschau, so meinte er, wäre der ideale Rahmen für das Jubiläum seines Verbandes. Außerdem hätte es für seinen Verband den Vorteil, daß die Schloßgartenleitung der finanzielle Träger der Veranstaltung sein würde und nicht der Verband.

Aus Hannover zurückgekehrt, kam die Zeit der nüchternen Überlegung. Zurück wollte und konnte ich auf keinen Fall mehr, denn ich hatte meinem Freund Hausmann schon zuviel versprochen. Es begann deshalb ein heftiges Planen; dabei avancierte der Kassenraum, der sich in dem achteckigen Pavillon am Eingang der Wilhelma befand, zum Architekturbüro.

Als wir im Frühjahr 1952 nicht nur die Pläne für die Gartenschau, sondern auch ein Modell fertig hatten, legten wir beides dem Finanzministerium vor. Da Ludwigsburg der

Wahlkreis des Ministers war, interessierte er sich persönlich für diese Pläne. Er war skeptisch was die Finanzierung betraf, aber er wollte auch seines Wahlkreises wegen meine Vorschläge nicht selbst ablehnen. So gab er den Schwarzen Peter an die Stadt Ludwigsburg weiter. Er verlangte nämlich, daß ich zuerst die Erklärung der Stadt Ludwigsburg und ihres Gemeinderats beibringe, sich finanziell an der Gartenschau zu beteiligen. Das hatte ich vorausgesehen und den Boden schon vorbereitet. Ich hatte bereits den Oberbürgermeister Dr. Elmar Doch aufgesucht und ihn zu einem Rundgang durch den Schloßgarten eingeladen.

Da durch meine Aktion nach dem Verschwinden des Mädchens der hintere Parkteil wesentlich weiträumiger wirkte, war Dr. Doch höchst angenehm überrascht und bezeichnete die geplante Ausstellung als die große Chance für seine Stadt. Als ich nun mit der Auflage des Ministers zu ihm kam, war der Oberbürgermeister sofort bereit, die Sache in die nächste Sitzung des Gemeinderats zu bringen. Anhand der Pläne sollte ich über das ganze Projekt berichten. Vorsorglich hatte Dr. Doch dieses Problem als letzten Punkt auf die Tagesordnung gesetzt in der Erwartung, daß dann die wenigsten Einwände kommen, weil jeder nach Hause drängt.

Mein Auftritt war etwa um 18 Uhr vorgesehen. Doch wie es das Schicksal wollte, hatte sich bei einem vorherigen Punkt der Tagesordnung ein Parteienstreit ganz unerwartet entzündet, der sämtliche Termine verschob. Der Punkt Gartenschau kam deshalb erst um 20 Uhr an die Reihe. Als ich in den Sitzungssaal kam und die abgekämpften, müden Gesichter sah, war ich von dem Willen beseelt, auch noch den Letzten aufzuwecken. Ich steigerte mich bei meinem Vortrag in eine derartige Begeisterung hinein, daß ich das ganze Gremium mitriß. Im Saal herrschte gespannte Aufmerksamkeit, und als ich nach einer dreiviertel Stunde geendet hatte, ertönte rauschender Beifall. Der Antrag, der gemeinsamen Ausstellung von Stadt und Land zuzustimmen, wurde einstimmig angenommen.

Jetzt blieb auch dem Finanzministerium nichts anderes übrig, als die Gartenschau zu genehmigen. Wenn ich nun glaubte, daß damit grünes Licht für ihre Durchführung gegeben war, hatte ich mich gründlich getäuscht. Die Schwierigkeiten fingen jetzt erst an. Zuerst mußte mit der Stadt Ludwigsburg ein Vertrag ausgehandelt werden, in dem insbesondere die Höhe und das Verhältnis der Beteiligung festgelegt wurden. Damit war aber noch lange kein Geld da, denn die Mittel mußten erst im Landeshaushalt eingesetzt werden. Da es inzwischen April 1952 geworden war, konnte dies frühestens im Haushaltsplan 1953 geschehen.

Vom »Blühenden Bankrott« zum »Blühenden Barock«

Das Haushaltsjahr 1953 begann am 1. April, aber ich konnte trotzdem noch nicht über die vorgesehenen Mittel verfügen. Das war erst möglich, wenn der Haushaltsplan vom Landtag verabschiedet und damit genehmigt war. Mit Rücksicht auf die Gründung des Bundeslandes Baden-Württemberg verzögerte sich aber gerade in diesem Jahr die Aufstellung des Haushalts und seine Lesung im Landtag um mehr als ein halbes Jahr, so daß es erst im Februar 1954 zum Abschluß eines Vertrages mit der Stadt Ludwigsburg und zur Gründung einer GmbH als Trägerin dieser Gartenschau kam.

Erst jetzt hätte ich eigentlich mit den Vorbereitungen für diese Gartenschau richtig beginnen können. Dabei lag der Termin 1954 dank der Jubiläen des Schlosses und des Gärtnereiverbandes bereits fest. Man konnte aber unmöglich eine Gartenschau dieses Ausmaßes in einem Vierteljahr vorbereiten. Waren doch allein im südlichen Schloßgarten 100 000 Kubikmeter Erde zu bewegen. Erst nach dieser Erdbewegung konnten die Wege gebaut, Hecken gepflanzt, Blumenbeete angelegt und Rasen angesät werden. Ähnlich sah es im eigentlichen Schloßpark aus. Hier waren zwei große Treppenanlagen mit über hundert Stufen zu bauen. Die Wege mußten in entsprechender Breite neu angelegt werden. Die vorgesehenen Rhododendronpflanzen erforderten die Beschaffung riesiger Torfmengen. Das ganze Gelände mußte eingefriedet werden. Zur Versorgung der Besucher sollten ein Festzelt, eine Milchbar und ein Kaffeerestaurant sowie neun Verkaufsstände errichtet werden.

Für diese Vorhaben war schon die Zeit von April 1952 bis Ende April 1954 sehr knapp. Das sah auch das Ministerium ein, und ich erhielt noch 1952 die Genehmigung, im Rahmen der vorhandenen Mittel mit den Vorbereitungen zu beginnen. Dabei wurde mir vom Minister persönlich nahegelegt, jede Veröffentlichung des Projekts zu verhindern. So konnte ich, bis die Ausstellung vom Landtag genehmigt war, keinerlei Werbung machen, geschweige denn unter den Gartenarchitekten einen Ideenwettbewerb ausschreiben. Gerade dies wurde mir aber von den freischaffenden

Gartenarchitekten übelgenommen. Die Kollegen konnten sich gar nicht vorstellen, daß ich aufgrund der Verhältnisse nicht in der Lage war, einen derartigen Wettbewerb zu veranstalten.
Einen weit größeren Kummer hätte mir die Bedingung bereiten können, »im Rahmen der vorhandenen Mittel« die Vorbereitungen zu beginnen, denn Mittel waren eigentlich gar keine vorhanden. Aber da half der schon zitierte Planvermerk. Demzufolge konnte ich Mehrausgaben in Höhe der Mehreinnahmen machen, und die waren dank der Erhöhung der Eintrittsgelder der Wilhelma um 60 Prozent so gewaltig, daß sie bei genauer Kalkulation ausreichten.
Wir improvisierten, wo es ging, und wir hatten auch bald einen Stamm fleißiger und tüchtiger Arbeitskräfte, da damals sehr viele Landwirte aus der Ostzone kamen. Dank der Vermittlung des Verkehrsdirektors von Ludwigsburg, Herrn Fleck, bekamen wir von der amerikanischen Truppe zwei große Planierraupen gestellt, die die Erdbewegungen im Schloßgarten übernahmen. Die einzige Gegenleistung waren Coca Cola und Rostbraten für die Raupenfahrer. Wir brauchten noch nicht einmal den Treibstoff zu bezahlen, weil diese Tätigkeit als willkommene militärische Übung betrachtet wurde.
Da die Stadt Ludwigsburg auf meine Anregung gleichzeitig das offene Abwassergerinne eindolte, das unter dem Namen Tälesbach den unteren Schloßpark durchfloß und dabei mit seinen üblen Düften die Luft verpestete, waren überall riesige Erdberge zu sehen. Das Gelände hatte mehr Ähnlichkeit mit einer Mammutbaustelle als mit einem Park. Deshalb machte auch der Finanzminister große Augen, als er im Frühjahr 1953 den Fortgang der Arbeiten in

Augenschein nahm. Er hatte wohl andere Vorstellungen von den Vorbereitungen »im Rahmen der vorhandenen Mittel«. Er dachte, daß irgendwo ein paar Bäume oder Büsche gepflanzt, Blumenbeete angelegt und etwas Rasen angesät würde. Nicht eben fröhlich fuhr er deshalb an diesem Tage nach Stuttgart zurück. Freilich nicht ohne mich nochmals zu ermahnen, keine Presseleute in das Gebiet zu lassen.

Das nützte allerdings wenig, denn man konnte die Erdbewegungen nicht verbergen und Dr. Gebhard Müller, der Ministerpräsident unseres Landes, wohnte gerade dem Schloßgarten gegenüber. So kam er täglich zweimal an unserer größten Baugrube vorbei. Das war ihm irgendwie peinlich, denn er wußte um die Hintergründe, aber er zeigte viel Verständnis. Als die Gemeinderäte von Ludwigsburg die riesigen Erdhäufen sahen, bekamen sie Zweifel an der Richtigkeit ihrer Entscheidung, und als der Name »Blühendes Barock« bekannt wurde, hieß es bald in der ganzen Stadt »Blühendes Bankrott«, denn kein Mensch konnte sich vorstellen, daß die Sache gut ausgehen würde.

Das größte Problem war der Schloßgarten südlich des Schlosses. Dieser war Anfang des 19. Jahrhunderts vom Architekten Zanth im Zeitgeschmack gestaltet worden.

Dabei wurde das Schloß als Nebensache behandelt und von den Alleen, den großen Rasenflächen und vier überdimensionierten Vasen erdrückt. Nun wäre eine Rekonstruktion des ursprünglichen Schloßgartens die beste Lösung gewesen, aber da Herzog Eberhard Ludwig, der Erbauer des Schlosses, vor der Anlage des Gartens starb und seine Nachfolger die Residenz wieder nach Stuttgart verlegten, wurden Schloßgarten und Park nicht mehr vollständig angelegt. Außerdem waren keine Pläne vorhanden, da der Architekt Frisoni vor seiner Verhaftung nach Weingarten flüchtete und die Pläne mitnahm. Deshalb blieb gar nichts anderes übrig, als einen Garten im barocken Sinne mit modernen Mitteln nachzuempfinden, um dem Schloß gerecht zu werden. Die Vasen wurden entfernt, das Gelände zwischen Schloß und See eingeebnet und die Erde südlich des Sees rechts und links eines vertieften Mittelstreifens aufgeschüttet. Das entstandene ebene Gelände zwischen See und Schloß wurde mit reichem Blumenschmuck versehen und zu beiden Seiten mit heckenumgebenen Gärten begrenzt.

Dadurch wurde das Schloß zum Mittelpunkt der Anlage und erschien zur allgemeinen Überraschung weit größer und prächtiger als zuvor. Auch der ovale See, der vorher einige Meter unter dem Niveau lag und deshalb erst ins Blickfeld kam, wenn man davorstand, wurde dadurch sichtbar und wirkte wesentlich größer. Aber nicht nur der Blick auf das Schloß hatte gewonnen, sondern auch der Blick vom Schloß auf den Garten.

Es wird mir gelegentlich unterstellt, daß ich bei der Neugestaltung des Gartens eine Barockanlage kopieren wollte. Das ist ganz und gar nicht der Fall. Es lag mir nur daran, dem Juwel Schloß die entsprechende Fassung zu geben, wobei ich mich bewußt moderner Mittel bediente. Ich wollte dabei weder konservieren noch historisieren, sondern dem Schloß durch eine lebensvolle Gestaltung wieder seine hervorragende Rolle zuweisen.

Die nächste Aufgabe, die wir anpacken mußten, war die Wiederherstellung des Schloßparks. Das Gelände östlich und nördlich des Schlosses hatte ein wechselvolles Schicksal. Das nördliche Stück, ursprünglich ein tiefes Tal, über das sich kühn der Schloßbau Herzog Eberhard Ludwigs erhob, wurde 60 Jahre später während der Regierungszeit von Herzog Karl Eugen zugeschüttet.

Der östliche Parkteil besteht aus zwei Teilen. Der erste Teil ist ein hochgelegenes Plateau, das auf dem gleichen Niveau wie das Schloß liegt. Ursprünglich war es durch eine Brücke mit dem Schloß verbunden, die unter König Friedrich durch einen Damm ersetzt wurde. Auf diesem Plateau stand das damals größte Opernhaus Europas. Es war allerdings nur aus Holz und Sackleinwand konstruiert, hatte aber gerade deshalb eine hervorragende Akustik. Heute ist an seiner Stelle der Schüsselesee.

Der zweite Teil des Parks wird von einem Seitental des Tälesbachs, vom Tälesbachtal selbst und von einem ehemaligen Steinbruch gebildet, der das Baumaterial für Schloß und Stadt lieferte. Zu einem richtigen Park an dieser Stelle kam es erst unter König Friedrich, der für seine funkelnagelneue Königswürde von 1805 auch ein passendes Schloß brauchte. Der Park wurde im englischen Landschaftsstil angelegt, wobei er allerdings ungewöhnlich stark mit romantischen Attributen gespickt war, wie Teufelsbrücke, Emichsburg, Ruine eines Aquädukts und vieles andere mehr.

Eine vollkommene Neuplanung war hier nicht erforderlich, es galt nur, die Wege zu verbreitern und so zu verlegen, daß große Perspektiven geschaffen wurden. Das Gelände war nämlich wirklich interessant und der Baumbestand nach einer gründlichen Durchforstung wertvoll.

Besonderes Kopfzerbrechen machte uns die Planie. Der Garten an der Nordfront des Schlosses hätte dringend einer

besonders intensiven Gestaltung bedurft. Leider reichten unsere Mittel dafür nicht aus. Deshalb entschloß ich mich, eine Sanierung auf später zu verschieben und an dieser Stelle für die Dauer der Ausstellung das Festzelt und einen Vorführungsplatz einzurichten. Das widersprach keineswegs dem Geist des Barock, denn in dieser Zeit war es üblich, Zelte bei den Schlössern aufzuschlagen, um Feste zu feiern.
Die Frage, wie bringe ich die Besucher vom Ausstellungsteil Schloßgarten in den anderen Teil, den Schloßpark, lag mir noch mehr am Herzen. Das letzte Stück der Mömpelgardstraße schob sich nämlich auf fast hundert Meter Länge wie ein Keil zwischen diese beiden Gärten. Wir lösten das Problem so: Zwischen der Straße und dem Schloßgarten befand sich ein etwa acht Meter breiter ungepflegter Grünstreifen, außerdem standen entlang der letzten 60 Meter der Straße keine Wohnhäuser. Wir legten auf dem Grünstreifen einen breiten Weg an und begrenzten ihn zur Mömpelgardstraße durch eine Reihe von Verkaufsständen. Die Verkaufsstände hatten gleich drei Vorteile an dieser Stelle. Die Besucher merkten dadurch nicht, daß sie gewissermaßen über eine Art Hinterhof geführt wurden. Außerdem war die schwierige Frage der Unterbringung dieser Stände, die zwar notwendig, aber meist störend sind, gelöst. Auch vom Standpunkt der Pächter war der Platz ideal, weil jeder Besucher zweimal, nämlich beim Hin- und beim Rückweg, die Verkaufsstraße passieren mußte.
Noch eine ganze Reihe anderer Details mußte einwandfrei gelöst werden, wenn die Ausstellung ein Erfolg werden sollte. Wichtig war vor allem, daß wir einen Blütenkalender ausarbeiteten, der die Gewähr bot, daß die Besucher zu je-

der Zeit eine reiche Blüte antrafen. Da die Ludwigsburger Gartenschau vom Frühjahr bis zum Herbst dauern sollte, mußten wir sehr sorgfältig planen.
Ganz besonderes Augenmerk richtete ich auf die abendliche Beleuchtung. Im Schloßgarten ließ ich die Alleen durch eingegrabene Scheinwerfer anstrahlen. Die Fontänen im See und den Heckengärten erhielten weißes Licht. Sie bildeten einen reizvollen Gegensatz zu den kleinen Fontänen in den Rabatten, bei denen durch rotierende Farbfilter die Farbe ständig wechselte. Das gab dem Ganzen etwas Funkelndes und Geheimnisvolles, das den Reiz des abendlichen Gartens steigerte.
Problematisch war die Schloßfront. Die Beleuchtungstechniker wollten sie »gut und gleichmäßig ausleuchten«. Das war zwar sehr ordentlich, aber unglaublich langweilig. Auf meine Anregung hin wurden die Scheinwerfer nahe am Schloß aufgestellt und zwar so, daß das Licht von unten und von der Seite auf die Front fiel. Sofort warf jedes Gesims und jeder Vorsprung einen klar abgegrenzten Schatten, der die Gliederung des Schlosses in einer großartigen Weise hervorhob und die Fassade weit lebendiger erscheinen ließ als bei Tageslicht. Es war ein richtiges Märchenschloß geworden.
Da inzwischen der Landtag die Gartenschau genehmigt hatte, stand der Gründung einer Ausstellungs-GmbH zwischen Stadt und Land nichts mehr im Wege. Ich wurde zum Geschäftsführer bestimmt und der Ludwigsburger Verkehrsdirektor als Vertreter der Stadt zum zweiten Geschäftsführer ernannt. Dazu kam ein Aufsichtsrat mit je drei Vertretern der Stadt und des Landes.
Gleichzeitig wurde ein Vertrag mit dem Württembergi-

schen Gärtnereiverband als ideellem Träger der Ausstellung geschlossen. Der Verband stellte einen Sonderbeauftragten, dem die Koordination mit der Ausstellungsleitung und die Organisation der ausstellungswilligen Gärtner oblag. Das heißt mit anderen Worten, er mußte sich dafür einsetzen, daß genügend Exponate für die einzelnen Sonderschauen vorhanden waren, die Preisgerichte zusammenstellen und vorbereiten. Das war sehr viel Kleinarbeit, die große Umsicht und Gewandtheit erforderte.

Im Herbst 1953 waren die meisten Flächen des Geländes soweit planiert, daß die Beete angepflanzt werden konnten. Es mußten nun Zehntausende von Gehölzen und Hunderte von Metern Hecke, die bis zu drei Meter hoch waren, gepflanzt werden. Aus den verschiedenen Baum- und Rosenschulen kamen 22 000 Rosen. Auf der Bärenwiese hatten wir eine provisorische Gärtnerei aus dem Boden gestampft. Dort hatten wir im Laufe des Sommers 400 000 Goldlack, Vergißmeinnicht, Stiefmütterchen und andere Frühlingsblüher gezogen, die darauf warteten, in die Schaubeete zu kommen. Dazu waren über eine halbe Million Blumenzwiebeln und einige hunderttausend Stauden eingetroffen, die alle gepflanzt sein wollten. Die Gärtner der Wilhelma waren wieder einmal die letzte Rettung, da 90 Prozent der vorhandenen Arbeitskräfte aus dem bäuerlichen Bereich stammten und noch nie vorher ein Setzholz in der Hand gehabt, geschweige Stauden oder Rosen gepflanzt hatten. Aber auch die Gärtner der Kreisgruppe Ludwigsburg haben uns nicht im Stich gelassen. Zuletzt gingen uns noch zu allem Unglück die Pflanzen aus, und bestimmte Farben waren in der näheren Umgebung von Ludwigsburg nicht aufzutreiben. Da brachte einer meiner leitenden Mitarbeiter das Kunststück fertig und fuhr abends noch mit dem LKW zu einer Gärtnerei im Schwarzwald, lud dort die bereitstehenden Pflanzen ein und war morgens bei Arbeitsbeginn mit dem Pflanzgut wieder zur Stelle. So waren durch die begeisterte Zusammenarbeit vor dem ersten Schneefall alle Pflanzen in der Erde, soweit es die Vorbereitungen erlaubten.

Trotzdem war im Frühjahr darauf noch viel zu tun, zumal das Wetter denkbar ungünstig war. So mußten wir an Ostern bei Schneegestöber arbeiten, was mich veranlaßte, meinen Mitarbeitern frohe Weihnachten zu wünschen. Am meisten Sorge machten mir die Wege. Sie waren durch den vielen Regen und die Fahrzeuge grundlos geworden. Da wir die meisten Rasenflächen erst im Frühjahr ansäen konnten, war acht Tage vor der Eröffnung gerade ein zarter grüner Flaum zu erkennen. Es war deshalb ein großes Glück für mich, daß mein treuer Mitarbeiter Redmann ununterbrochen auf den Beinen war, denn ich war durch die Vorbereitung der Blumenschau im Schloß restlos in Anspruch genommen.

Eine Blumenschau in den Prunkräumen des Ludwigsburger Schlosses zu veranstalten, grenzte in den Augen mancher Museumsleute an ein Sakrileg. Sie hielten meinen Plan für völlig absurd. Um so größer waren Überraschung und Verbitterung, als ich eines Tages die Genehmigung dazu erhalten hatte. Diese Genehmigung hatte ich in erster Linie dem Verständnis des Vorstandes der Vermögensverwaltung, dem damaligen Regierungsdirektor Dr. Walter Krauter zu verdanken, der mir auch in der folgenden Zeit zwei Jahrzehnte als Aufsichtsratsmitglied des Blühenden Barock zur Seite stand.

An sich hätte die Museumsleitung über die Blumenschauen glücklich sein müssen, denn dadurch wurde das Schloß dem Volke nähergerückt. Viele Hunderttausende wären ohne diesen Anlaß nie auf den Gedanken gekommen, das Schloß zu besichtigen. So hat sich seit Bestehen des Blühenden Barock die jährliche Besucherzahl verfünffacht.
Die Vorbereitungen waren abgeschlossen, und ich hatte nach längerem Hick-Hack mit den verschiedenen Gremien auch den Namen Blühendes Barock für die Ausstellung durchgesetzt. Um ihre Bedeutung zu unterstreichen, wurde der Ministerpräsident des Landes Baden-Württemberg, Dr. Gebhard Müller, gebeten, sie zu eröffnen. Es waren über tausend Ehrengäste eingeladen. Zu unserer Überraschung sagte der überwiegende Teil zu, so daß wir Sorge hatten, daß die Ludwigsburger Stadthalle nicht genug Platz bieten würde. Die musikalische Umrahmung übernahm das Orchester des Württembergischen Staatstheaters unter Leitung von Generalmusikdirektor Leitner. Unter den Ehrengästen war fast das gesamte Kabinett, das Haus Württemberg und zahlreiche bedeutende Fachleute. Nach wochenlangem Regen hatte Petrus genau an diesem Tag am blank gefegten Himmel die schönste Sonne aufgezogen. So gingen die Festgäste durch die frischgeschnittene Hochhecke der 200jährigen Linden zum Blühenden Barock, und ihr Gang durch den Park und die Blumenschau im Schloß war ein großer Erfolg.
Die Eröffnungsfeier benutzte ich zu einer persönlichen Rache. Ich hatte nämlich auch den Gartenarchitekten eingeladen, der mir beim Aufbau der Ausstellung die größten Hindernisse in den Weg gelegt hatte. Er kam in der Hoffnung, daß die Eröffnung schiefgehe. Ich stellte ihn meinem Mini-

ster als meinen größten Gegner vor. Er fühlte sich dadurch sehr geschmeichelt, besonders als er mit dem Minister und mir fotografiert wurde. Ein zweites Bild, das ihn mit mir allein zeigte, erschien in der Zeitung, und in der Bildunterschrift wurde er als Gratulant apostrophiert. Das brachte nun seine Gesinnungsgenossen in Rage, und es hagelte nur so Beschimpfungen auf den Armen herab. Er hatte es allerdings auch nicht anders verdient.

Inzwischen war die Gartenschau glänzend angelaufen. Schon der Vorverkauf der Dauerkarten hatte einen unerwarteten Zulauf. Etwa 70 Prozent der Ludwigsburger über acht Jahre lösten Dauerkarten. Das war noch bei keiner Gartenschau in Deutschland dagewesen.

Ein wichtiger Grund für den guten Besuch war unser Bestreben, auf die Erwartungen der Besucher einzugehen. Wir boten ihnen die Möglichkeit, Anregungen für den eigenen Garten mit nach Hause zu nehmen, aber auch der Blumenfreund, der keinen eigenen Garten besitzt, kam auf seine Kosten. In der Ausstellung konnte er sich an Blüten einmal richtig sattsehen. So konnten wir schon im Mai den 500000. Besucher feiern. Die hohen Einnahmen, besonders aus dem Dauerkartenverkauf, versetzten uns in die Lage, sämtliche Wege noch während der Ausstellung zu teeren. Wir hatten ursprünglich nur Kieswege angelegt, weil wir uns einfach nicht mehr leisten konnten. Allerdings hatten wir Kieswege auch für passend gehalten, aber bei den modernen Damensandaletten bewährten sie sich nicht. Die insgesamt sieben Blumenschauen im Schloß fanden so viel Zuspruch, daß sie zeitweilig wegen Überfüllung geschlossen werden mußten. Trotzdem waren sie finanziell gesehen kein Geschäft. Die Kosten waren einfach zu hoch. Wir

mußten ja nicht nur viele zusätzliche Aufseher bezahlen, sondern auch den Wertverlust der ausgestellten Pflanzen, der vereinbarungsgemäß bis zu 80 Prozent des Großhandelspreises betragen durfte.
Der absolute Höhepunkt im Jubiläumsjahr 1954 war der Besuch des Bundespräsidenten Professor Theodor Heuss anläßlich des deutschen Gartenbautages, der gleichfalls in Ludwigsburg abgehalten wurde. An diesem strahlend schönen Sonntag waren etwa 80000 Menschen erschienen. Damit war das Blühende Barock zwar hoffnungslos überfüllt, aber für viele Ludwigsburger war es doch ein einmaliges Erlebnis.
Als wir im Herbst die Gartenschau beendet hatten, konnten wir nicht nur den Ausstellungsbetrieb selbst mit den Einnahmen finanzieren, sondern auch den weitaus größten Teil der Umgestaltung und der Neuanlagen. Es blieb nur ein Rest von 150000 DM, der aber durch Sachwerte mehr als reichlich abgedeckt war, und wir konnten das Prädikat in Anspruch nehmen, die erste große Gartenschau veranstaltet zu haben, die sich finanziell selbst getragen hat.
Das Blühende Barock war der Stadt und der Bevölkerung liebstes Kind geworden. Der Gemeinderat der Stadt Ludwigsburg beschloß deshalb einstimmig, das Land Baden-Württemberg zu bitten, die GmbH weiterhin bestehen zu lassen und das Blühende Barock als Dauergartenschau zu betreiben. Das Land stimmte zu, und so blieb ich weiter Geschäftsführer, und die Herren Redmann und Fleck wurden mir als Prokuristen beigegeben.
Dadurch, daß das Blühende Barock nun auch weiterhin als GmbH betrieben wurde, schied es aus dem Verband der staatlichen Gärten aus. Es war nun auf eigene Füße gestellt,

und es war mir nicht mehr möglich, irgendwelche Mittel aus der Wilhelma für das Blühende Barock zu verwenden oder umgekehrt.

Die Stunde der Wahrheit

Diese Entwicklung kam gerade zum rechten Zeitpunkt. Die Wilhelma war nämlich schon ab April 1954 kaum mehr in der Lage, dem Blühenden Barock nachhaltig unter die Arme zu greifen. Denn inzwischen war die Stunde der Wahrheit angebrochen. Meine Vorgesetzten waren mir nämlich bei der Aufstellung des Haushaltsplanes auf die Schliche gekommen. Wie bereits bemerkt, hatten wir 1952, nachdem der Haushaltsplan verabschiedet war, die Eintrittspreise um 60 Prozent erhöht. Außerdem waren die Besucherzahlen um 20 Prozent gestiegen. Das bedeutete, daß ich 1953 insgesamt über 80 Prozent Mehreinnahmen verfügen konnte; daß ich das selbstverständlich auch tat, wurde durch diese Abrechnung offenbar. Darauf erfaßte die Experten ein finsterer Verdacht, und sie erkundigten sich nach den bisherigen Einnahmen des Jahres 1953. Als eine etwas gewundene Erklärung meinerseits nicht akzeptiert wurde, mußte ich bekennen, daß sie nicht gerade schlecht wären. Damit war den Verantwortlichen des Ministeriums schlagartig klar, weshalb ich die Genehmigung, die Vorbereitung der Gartenschau in Ludwigsburg »im Rahmen der vorhandenen Mittel« aufzubauen, so widerspruchslos hingenommen hatte.

Da ein Unglück selten allein kommt, geschah es, daß sich eines Morgens, ausgerechnet drei Wochen vor der Eröffnung des Blühenden Barocks, bei mir ein Prüfer des Rechnungshofes meldete. Das war das erstemal, daß wir vom Rechnungshof geprüft wurden und damals absolut unüblich. Da ich infolge meiner diversen Eskapaden kein übertrieben gutes Gewissen hatte, war mir beim Auftauchen dieses Herrn nicht ganz wohl. Aber da Angriff die beste Parade ist, lud ich ihn ein, mich bei einem Inspektionsgang durch die Wilhelma und das Blühende Barock zu begleiten, da er doch durch eigenen Augenschein eine ganz andere Vorstellung von den zu prüfenden Betrieben hätte.
So etwas war ihm bei seinen Prüfungen noch nie vorgeschlagen worden, aber es leuchtete ihm durchaus ein. Bei gezwungener Konversation machten wir uns auf den Weg durch die Wilhelma, aber je mehr Tiere er sah, um so mehr fiel die steife Hülle von diesem Prüfer ab, und ein ganz normaler, warmherziger Mensch kam zum Vorschein. Zuletzt, als er Drill, Mandrill, Bartaffen und Blutbrustpaviane zum erstenmal lebend vor sich sah, mußte ich ihn förmlich von den Käfigen wegziehen, denn ich wollte ihm auch noch das Blühende Barock zeigen. Das gab ihm dann auch endgültig den Rest, besonders als ich ihm mit absoluter Offenheit erklärte, wie alles zustande gekommen war. Man sah ihm an, daß es ihm richtig leid tat, daß er mir Fragen über mein Finanzgebaren stellen mußte.
Er: »Sie haben zwei Elefanten für 40000 Mark gekauft?«
Ich: »Ja, das Stück hat 20000 Mark gekostet, dazu kamen noch 3000 DM Fracht.«
Prüfer: »Außerdem kauften Sie zwei Giraffen für 36000 DM.«

Ich: »Ja, das Stück zu 18000 DM, das war besonders günstig. Das waren übrigens die letzten, die hereingekommen sind, jetzt ist die Einfuhr wegen Rinderpest aus diesem Gebiet gesperrt.«
Prüfer: »Außerdem haben Sie für 100000 Mark Zebras, Antilopen, Löwen, Tiger und Gott weiß was alles gekauft, ohne daß auch nur bei einer einzigen Rechnung ein Genehmigungsvermerk der vorgesetzten Behörde ist. Haben Sie mir denn dazu gar nichts zu sagen?«
Ich: »Freilich, es war ein großes Glück, daß ich gleich zugegriffen habe, denn sonst hätte ich viele Tiere, wie zum Beispiel die Giraffen, nicht mehr gekriegt, weil wegen dieser blöden Rinderpest die Einfuhr von Paarhufern gesperrt ist.«
Prüfer: »Das ist ja schön und gut, aber das meine ich nicht. Ich wollte sagen, diese Käufe mußten Sie doch beim Ministerium beantragen, das ging weit über Ihre Zuständigkeit hinaus. Warum haben Sie das denn nicht getan?«
Ich: »Ganz einfach, weil diese Käufe samt und sonders abgelehnt worden wären. Sie werden mir doch recht geben, daß ich im Falle einer Ablehnung die Tiere unter keinen Umständen mehr kaufen konnte. Außerdem wäre die Zustimmung so spät gekommen, daß die Tiere schon längst einen anderen Besitzer gehabt hätten.«
Der Prüfer sah mich lange an: »Wenn ich das nun beanstande, was werden Sie dann tun!«
Ich: »Hinschreiben, wird künftig beachtet.«
Prüfer: »Dann können Sie aber keine so teuren Tiere mehr kaufen.«
Ich: »Da muß ich mir was Neues einfallen lassen, ich brauche noch allerhand, die Sache rentiert sich, wie Sie sehen.«

Der Beamte des Rechnungshofes prüfte noch acht Tage und fand alles in Ordnung, bis auf die großzügige Behandlung der Dienstvorschriften. Jede Mittagspause verbrachte er vor den Affenkäfigen. Die Antwort der Behörde kam nach drei Monaten. Man höre und staune, der Rechnungshof schlug vor, meine Zuständigkeit bei Tierkäufen auf 20 000 DM zu erhöhen und die Wilhelma in einen nach kaufmännischen Grundsätzen geleiteten Betrieb des Landes nach R.H.O. § 15 umzuwandeln. Jahre später fragte mich der Präsident des Rechnungshofes, was ich eigentlich mit seinem schärfsten und gefürchtetsten Prüfer gemacht hätte, er wäre ganz verwandelt aus der Wilhelma zurückgekommen. Darauf antwortete ich in meiner üblichen Bescheidenheit: »Ich machte ihn zu einem Menschen!«
Trotz meiner Tätigkeit im Blühenden Barock ging es auch in der Wilhelma 1954 weiter aufwärts. Durch die weiteren Tierkäufe – ich konnte einfach nicht nein sagen, wenn mir etwas angeboten war, das unsere Sammlung ergänzte – waren wir gezwungen, unbedingt noch ein paar neue Gehege zu erstellen. Wir nutzten die letzten Möglichkeiten und legten zu beiden Seiten des Parterres beim Maurischen Landhaus noch ein paar Tierunterkünfte an. Da es uns gleichzeitig möglich war, Königspinguine zu erwerben, kamen die Humboldt-, Felsen- und Eselspinguine auf eine Wiese beim Kleinraubtierhaus und die Königspinguine bezogen die Insel im Magnoliengarten. Unsere Aquarien bereicherten wir durch eine Fangfahrt zum Mittelmeer.
Wir hatten die Fahrt mit dem Direktor des Düsseldorfer Aquariums verabredet, unseren VW-Transporter umgebaut, Sauerstoffleitungen darin verlegt und Fischtransportgefäße besorgt. Ich hatte für mich eine Reisegenehmigung

beantragt, die natürlich abgelehnt wurde, weil man sich nicht vorstellen konnte, daß ein Mensch aus anderen Gründen als zu seinem Vergnügen an die Côte d'Azur reist.
Da ich bei meinem Düsseldorfer Kollegen im Wort stand, blieb mir nichts anderes übrig, als meinen Mitarbeiter Jocher, den ich bei dieser Fahrt gleichfalls mitnehmen wollte, allein mit dem Kombi loszuschicken. Das war natürlich wieder eine Überschreitung meiner Kompetenzen, aber sie wurde ja erst später bemerkt.
Die Fahrt verlief glänzend. Herr Jocher brachte so viel interessantes Meeresgetier mit, daß wir die Aquarienbecken eines ganzen Gewächshauses füllen konnten. Die Zeitungen des ganzen Landes berichteten begeistert davon, so daß das Ministerium lediglich anfragte, ob ich gegen den eindeutigen Erlaß an dieser Expedition teilgenommen hätte. Als ich das wahrheitsgemäß verneinte, ließ man die Sache auf sich beruhen. Aber die Aquarien waren gefüllt, und die Besucher strömten, und das war letztendlich die Hauptsache.

Vom Geschäft mit Tieren

Da ich laut ministerieller Entscheidung an der Fangfahrt nicht einmal auf eigene Kosten teilnehmen durfte, beschloß ich, da bereits alles für meine Abwesenheit vorbereitet war, Urlaub in Italien zu machen und den Mailänder Zoo anzusehen. Das war ein privater Zoo, und seine Besitzer nutzten ihre guten Verbindungen sehr geschickt, um einen äußerst schwunghaften Tierimport für Europa zu betreiben. Als ich diesen Zoo besuchte, waren gerade drei herrliche Grevyzebras angekommen, ein männliches und zwei weibliche Tiere. Diese Zebraart ist nicht nur die seltenste, sondern auch die schönste. Deshalb waren wir trotz des hohen Preises schnell handelseinig. Diesen Kauf sollte ich nie bereuen, denn daraus entwickelte sich in der Wilhelma die erfolgreichste Zucht von Grevyzebras in Europa.

Bei meiner Rückkehr lag ein interessantes Angebot aus Holland vor. Baldmöglichst fuhr ich deshalb nach Tilburg zu den Tierhändlerfamilien van Dijk. Diese Familie hatte ursprünglich nur einen Vogelhandel betrieben. Nach dem Kriege hatte sie einen bestehenden Zoo in Tilburg gekauft und nutzte gleichfalls die Gelegenheit, am Säugetierimport zu verdienen. Als ich in der van Dijk'schen Tierhandlung eintraf, staunte ich nicht schlecht.

In zwei Häusern, von denen jedes sechs Vierzimmerwohnungen Raum geboten hätte, waren weit über hunderttausend Vögel der verschiedensten Arten untergebracht, darunter Zehntausende von Papageien. Da in Deutschland ein Einfuhrverbot für Papageien wegen der Papageienkrankheit bestand, wurden diese Vögel über die grüne Grenze geschmuggelt. Das ging folgendermaßen vor sich: Die Großpapageien bekamen Schnaps in ihren Wassernapf, davon wurden sie betrunken und machten, während sie ihren Rausch ausschliefen, keinen Lärm.

Bei den Sitticharten wurde ein anderes Verfahren angewendet. Man steckte sie in Damenstrümpfe und machte über jeden Vogel einen Knoten, so daß der Strumpf den Vogel dicht umschloß. Dadurch bekamen die Vögel Angst, stellten sich tot und verrieten ihre Anwesenheit nicht durch das sonst übliche Gekreische. Die Schmuggler hängten sich die Strümpfe einfach über die Schultern und konnten dadurch unter ihrem Mantel jedesmal bis zu 40 Vögel transportieren. Da die Papageien in Deutschland das Vierfache als in Holland kosteten, war dies ein lukratives Geschäft.

Durch die zahlreichen Tierkäufe kam ich mit vielen Tierhändlern in Berührung. Diese Männer verfügten teilweise über ganz erstaunliche zoologische und tiermedizinische Kenntnisse. Das war auch dringend nötig, da sich ohne diese Kenntnisse kein Tierhändler auf die Dauer halten kann.

Vor dem letzten Krieg befand sich der Tierhandel fest in deutscher Hand. Die bekanntesten Vertreter waren Hermann Ruhe in Ahlfeld, Hagenbeck in Hamburg und im süddeutschen Raum Eugen Mohr in Ulm. Die Firma Ruhe war aus einer Kanariengroßhandlung hervorgegangen. Sie kaufte jährlich über 100000 Kanarienhähne im Harz auf und exportierte den größten Teil nach Amerika. Allmählich hatten sie sich immer mehr auf den Großtierhandel verlegt und entsprechende Stallungen, Gehege und Käfige gebaut. Wie groß diese Anlagen in Ahlfeld waren, zeigt die Tatsache, daß vor dem Krieg hier einmal 100 Menschenaffen auf ihre Käufer warteten.

Der Rückhalt der Firma Hagenbeck waren der berühmte Park in Stellingen und der Zirkus. Um die Jahrhundertwende bis zu den Weltkriegen führte diese Firma großartige Fangexpeditionen in tropische Länder durch. Auch nach dem Zweiten Weltkrieg sandte sie noch Reisende als Aufkäufer aus.

Die Tierhandlung Mohr in Ulm kam von einer ganz anderen Seite an das Geschäft mit Tieren. Ihr Schwerpunkt lag ursprünglich auf dem Handel mit Weinbergschnecken.

Diese Firma importierte aber auch Jagdwild aus den Balkanländern. So erlebte ich selbst, wie in Ulm einmal 6000 Rammler eingetroffen waren und auf ihre Käufer warteten. Von ihren Reisen brachten die Einkäufer auch Tiere mit, die für zoologische Gärten interessant sind: Kropfgazellen, Bären, Luchse, Ottern usw.
Nach dem Krieg hatten die großen deutschen Tierhandlungen lange Zeit keine Möglichkeit, Überseehandel zu betreiben. Deshalb war es den holländischen, belgischen und italienischen Tierhändlern möglich, sie aus ihren Positionen zu verdrängen. Zugleich hatten sich in den Herkunftsländern der wichtigsten Zootiere zahlreiche Tierfänger, die zugleich Händler waren, etabliert.
Der Tierhandel hat heute insofern eine grundlegende Änderung erfahren, als die zoologischen Gärten selbst bemerkenswert viel Nachzucht haben. Das kann zu unerwarteten Preisstürzen führen. Manche Tierarten sind gar nicht mehr absetzbar, wie zum Beispiel Löwen. Unsere sibirischen Tiger kosteten, als wir sie erwarben, 10000 DM das Stück. Zwei Jahre vorher sogar 25000 DM. Heute muß man froh sein, wenn man für einen schönen, ausgewachsenen männlichen sibirischen Tiger noch 1000 DM erhält. Die größte Belastung des Tierhandels ist das Verlangen der Zoodirektoren, Gegengeschäfte zu machen, das heißt, der Händler muß Tiere, die der Zoo loswerden will, in Zahlung nehmen. Dabei handelt es sich oft um Nachzuchten, die kaum absetzbar, oder um Tiere, die krank, alt oder nicht zuchtfähig sind.
Wie leicht man beim Tierhandel einen Reinfall erleben kann, zeigt folgendes Beispiel: Ein Tierhändler erhielt von einer pharmazeutischen Firma einen Auftrag zur Lieferung von über 1000 Rhesusaffen. Da er selbst nicht abkömmlich

war, beauftragte er einen jungen Zoologen mit der Abwicklung des Geschäfts in Indien. Dieser verhandelte mit fünf einheimischen Tierhändlern, und jeder versprach ihm, 250 Rhesusaffen zu liefern. Nun hätte es dem Zoologen eigentlich auffallen müssen, daß ihm jeder Händler die gleiche Zahl anbot. Außerdem hätte er sich die Tiere gründlich ansehen müssen. Das tat er aber nicht, sondern kabelte nur »chartert größere Maschine«. Als der Tag der Verladung kam, standen nicht 1250, sondern lediglich 250 Affen auf dem Flugplatz. Jeder hatte die Tiere seiner Kollegen mit angeboten.
Aus all dem kann man ersehen, wie risikoreich der Tierhandel ist, nicht nur für Händler, sondern auch für den Käufer. Man sieht es einem Tier sehr oft nicht an, ob man mit ihm Zuchtprobleme bekommt oder nicht. Dabei spielt Sympathie bei den Tieren eine außerordentliche Rolle. Deshalb machten wir zur Bedingung, daß wir die Tiere vor dem Kauf erst einige Wochen oder Monate bei uns einstellen und beobachten durften. Die Händler gingen auch meist darauf ein, denn so lange fielen für sie schon keine Futterkosten an. Meldeten sich allerdings andere Käufer, so mußte man sich entscheiden.
Dabei fielen wir einmal gewaltig herein. Wir suchten einen männlichen Leoparden. Es wurde uns eine Raubkatze angeboten, die aus einem anderen Zoo stammte und mangels Zuchterfolgen abgegeben wurde. Wir nahmen das Tier unter Vorbehalt, aber auch wir konnten keine Deckakte beobachten. Als uns der Tierhändler nach sechs Wochen einen anderen Interessenten präsentierte, hielten wir das Ganze für einen Händlertrick und gaben den Leoparden ab. Gut 14 Tage später zeigte unsere Leopardin einwandfreie Sympto-

me von Trächtigkeit und brachte auch drei wunderbare Junge zur Welt. Wir konnten uns über so viel Schamhaftigkeit beim Liebesleben der beiden freuen oder ärgern; auf alle Fälle, den zuchtfähigen Leoparden waren wir los.

Grundsätzlich zogen wir möglichst junge Tiere aus Direktimporten vor. Da heute die Zuchterfolge ein wichtiger Maßstab für die Qualität eines Zoos sind, tauschten wir die Partner oft jahrzehntelang aus, bis wir ein Paar hatten, das Junge bekam.

Wie sehr persönliche Sympathien und Antipathien bei der Zucht eine Rolle spielten, konnten wir bei den Grantzebras beobachten. Wir hatten ein Paar, das recht und schlecht miteinander harmonierte. Die Stute warf ein Hengstfohlen. Da anderweitig ein Hengst gesucht wurde, konnten wir das Fohlen gegen eine Jungstute tauschen. Kaum war die Jungstute da, interessierte sich der alte Hengst für sie wesentlich mehr als für seine bisherige Partnerin. Ja, diese mußte ihn, wenn sie rossig war, zu einem Deckakt richtig drängen. Nach mehreren Jahren verweigerte er sich ihr vollständig, obwohl sie ihn heftig umwarb. Auch die Töchter dieser Stute wurden äußerst lustlos gedeckt. Dagegen wurden die später hinzugekommene Stute und ihre weiblichen Nachkommen, sobald sie rossig waren, von ihm so heftig verfolgt, daß man es schon als eine unziemliche Belästigung empfinden konnte.

Hier zeigt sich übrigens auch ein Problem der Gehege. Auf der Steppe können die Tiere ihren Verfolgern ausweichen, aber es gibt kein Gehege, das Ausmaße von einigen hundert Hektar besitzt. Das ist bei Trägern von Geweihen oder breit ausladenden Hörnern etwas anderes, hier kann man den Zugang zu einem Ausweichgehege durch Palisaden so verengen, daß nur die weiblichen Tiere Zugang haben. Das Brunftverhalten der Tiere und die damit verbundenen Rivalitäten sind oft eine Gefahr für die Tierpfleger. Wenn zum Beispiel eine Kuh heiß oder eine Stute rossig wird, merken es ihre männlichen Partner sofort. Es stellt sich bei ihnen das Gefühl der Eifersucht ein, und der Pfleger, den sie bisher als ihren Freund betrachteten, wird zum Konkurrent. Sucht nun das empfangsbereite Tier dem Pfleger durch Schmeichelei einen Leckerbissen zu entlocken, so wird das von dem männlichen Tier falsch verstanden und führt zu Angriffen, die lebensgefährlich sein können. Einen tödlichen Ausgang solcher Eifersuchtshandlungen bei Elefantenbullen haben einige Zoos erleben müssen. Deshalb haben mein Nachfolger und ich auf eine Bullenhaltung bei Elefanten bewußt verzichtet, obwohl es kaum etwas Entzückenderes gibt, als ein Elefantenbaby, das zwischen den Säulen der mütterlichen Beine steht.

Die Anregungen des Rechnungshofes waren im Ministerium nicht ungehört geblieben, und die Wilhelma wurde ab dem Haushaltsjahr 1955 ein Wirtschaftsbetrieb des Landes nach der Reichshaushaltsordnung § 15. Das bedeutete mehr Zuständigkeit und entsprechend höhere Eigenverantwortung. Das Beste an diesem Erlaß war, daß ich nun Tiere im Einzelwert bis 20000 DM ohne Antrag auf Genehmigung kaufen konnte, und daß wir ein eigenes Bankkonto und eine eigene Kasse hatten. Letzteres hatte den enormen Vorteil einer ungemein raschen Zahlungsabwicklung. Wir brachten es fertig, den größten Teil der Rechnungen am Tag ihres Eintreffens zu überprüfen und am folgenden auszubezahlen. Diese gute Zahlungsmoral sprach sich in kürzester Zeit im Kreise unserer Lieferanten herum. Da wir auch

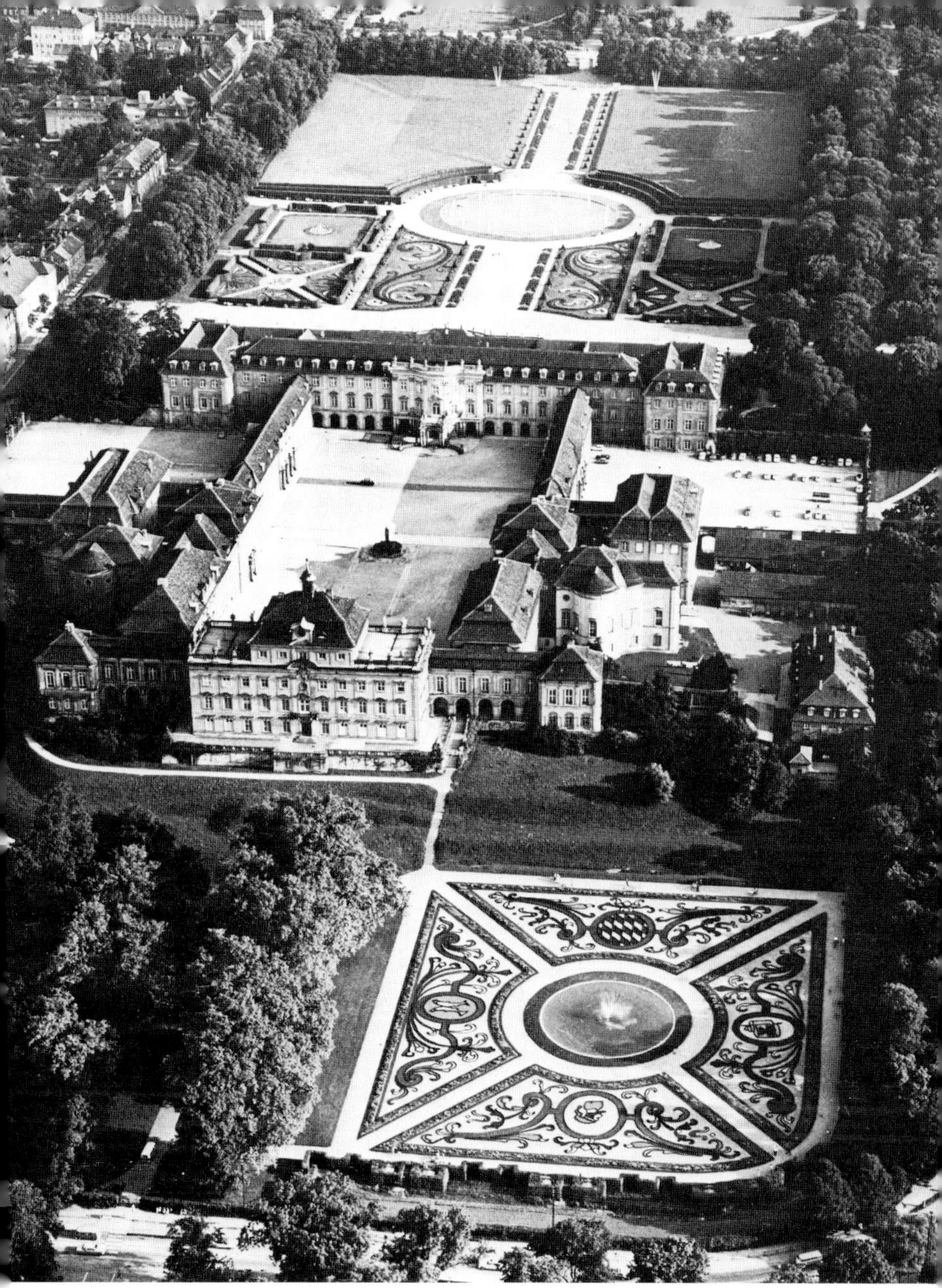

21 *Das Blühende Barock, der stilvolle Rahmen für das Ludwigsburger Schloß*

Umseitig:

22 *Gondelfahrt ins Märchenland*

23 *Die neuen Vogelvolieren im Blühenden Barock*

sonst gute Kunden waren und einen gerechten Preis ohne zu feilschen akzeptierten, wurden wir bald zu bevorzugten Kunden, denen man Seltenheiten und zoologische Kostbarkeiten zuerst anbot. Als kaufmännisch eingerichteter Betrieb mußten wir natürlich auch eine Eröffnungsbilanz aufstellen. Da war ich froh, daß ich in diesem Jahr gerade zwei tüchtige Mitarbeiter eingestellt hatte. Es war der als Dornschwanzlieferant bereits bekannte Student Neugebauer, der noch in Examensnöten steckte. Der zweite war Herr Neff, ein Verwaltungsinspektor aus dem Liegenschaftsamt, der sich um eine neu geschaffene Stelle bewarb, weil ihn die unkonventionelle Arbeitsweise in der Wilhelma reizte.

Die Eröffnungsbilanz ergab, daß die Wilhelma am 1. 3. 1955 bereits den nicht unbedeutenden Bestand von 1479 Tieren in 398 Arten hatte. Das war ein Bestand, der nach den damaligen Verhältnissen dem eines größeren Zoos entsprach.

»Und wenn sie nicht gestorben sind . . .«

»Eine Stellung halten, ist schwieriger als eine Stellung stürmen.« Diese alte Soldatenweisheit galt auch für die Fortführung des Blühenden Barocks. Der Verkaufserfolg der Dauerkarten war nach wie vor großartig, es gehörte schon beinahe zum guten Ton in Ludwigsburg, eine Dauerkarte ins Blühende Barock zu lösen. Leider ging aber der Verkauf

von Tageskarten nach dem Jubiläumsjahr erschreckend zurück, und es konnte uns nicht lange verborgen bleiben, daß namentlich Familien mit Kindern das Blühende Barock immer weniger aufsuchten, während die Wilhelmabesucher sich gerade aus diesen Kreisen rekrutierten.
Das Naheliegendste, wenn auch nicht gerade das Einfallreichste war, Konzerte zu veranstalten. Aber es stellte sich schnell heraus, daß seit der Erfindung der Schallplatte, des Radios und des Fernsehens die Musikberieselung solche Ausmaße angenommen hatte, daß durchschnittliche Musikkapellen keinen Erfolg brachten. Deshalb versuchten wir es mit Folklore. Wir fuhren sogar in die Schweiz, um von dort Alphornbläsergruppen zu bekommen. Den größten Erfolg hatten wir mit der Stadtmusik Zug, die als die beste Kapelle der Schweiz bekannt war. Sie war auch wirklich großartig, und wenn sie in den folgenden Jahren im Blühenden Barock spielte, war ganz Ludwigsburg auf den Beinen. Leider wurden bei diesen Veranstaltungen die Kosten für Busse, Verpflegung und Übernachtung zuletzt so hoch, daß sie untragbar wurden. Wir zermarterten uns deshalb den Kopf und überlegten hin und her, wie wir das Blühende Barock attraktiv machen könnten, bis ich eines Tages ganz unversehens die richtige Lösung fand.
Im Sommer 1957 machte ich wieder eine Hollandfahrt, um Tiere zu kaufen. Ich suchte auch Herrn van Dijk vom Zoo Tilburg auf. Beim Rundgang sprach man über dieses und jenes. Unter anderem erzählte er von einem Märchenpark in de Efteling bei Kaatsheuvel. Dieser Märchengarten interessierte mich zuerst gar nicht, ich wurde erst hellhörig, als er berichtete, daß der Parkplatz mit 1000 Stellplätzen an den Wochenenden völlig überfüllt war. Deshalb nahm ich das

Angebot des Herrn van Dijk, mich nach de Efteling zu fahren, das ganz in der Nähe lag, dankbar an.
Als erstes sahen wir etwas typisch Holländisches, nämlich ein Prachtkarussell der Jahrhundertwende, das durch ein großes Zelt geschützt war. Da fehlte aber wirklich gar nichts, weder die Dampfmaschine mit dem von uns als Buben so sehr bewunderten Regler noch das prächtige Orchestrion mit dem taktstockschwingenden Kapellmeister. Der Märchengarten selbst zeigte das hübscheste Dornröschenschloß, das man sich denken kann. Manche der lustigen Einfälle gingen mir zu weit, zum Beispiel rot-, grün-, gelb- und blaugefärbte lebende Tauben, aber im großen und ganzen stand für mich fest, daß ein solcher Märchengarten für das Blühende Barock die finanzielle Rettung bedeuten würde. Die Grundidee war hervorragend, man mußte die Anlage nur etwas verfeinern und dezenter machen. In den nächsten Wochen arbeitete es in meinem Innern mächtig, immer neue Ideen tauchten auf. Es trieb mich einfach um. Die schwierigste Frage war: Wie sage ich es meinem Aufsichtsrat?
So schlich ich denn um die Sache herum wie die Katze um den heißen Brei und wartete auf eine günstige Gelegenheit. Diese Gelegenheit schien mir bei einer gemeinsamen Studienfahrt zur Bundesgartenschau Köln gekommen zu sein. Als wir am Abend in gemütlicher Runde im Gürzenich saßen, rückte ich mit meinem Vorschlag heraus. Die Reaktion der Aufsichtsräte war vernichtend. Die ganze Runde glaubte allen Ernstes, ich wollte sie zum besten halten.
Je mehr ich betonte, mein Vorschlag wäre ernst zu nehmen, desto größer wurde die Heiterkeit. Als es den Herren dämmerte, daß der Vorschlag wirklich ernstgemeint war, wich

die Heiterkeit blankem Entsetzen. Da ich nicht aufgeben wollte, stand mir einige Arbeit bevor. Ich mußte jedes Aufsichtsratsmitglied einzeln bearbeiten und ihm die Lage des Blühenden Barocks schildern. Diese war tatsächlich sehr kritisch, denn wir konnten uns ausrechnen, wann die im Jubiläumsjahr angesammelten Reserven aufgebraucht waren. Aber gerade diese Reserven waren das Kapital, das ich zum Aufbau des Märchengartens benötigte. Schließlich konnte ich den Aufsichtsrat zu einer Studienfahrt nach de Efteling überreden, an der auch einige Stadtratsmitglieder von Ludwigsburg teilnahmen.
Ich hatte für den Besuch von de Efteling einen Sonntag vorgeschlagen, denn ein vollbesetzter Parkplatz ist ein gutes Argument. Diese Rechnung ging tadellos auf; als wir gegen 15 Uhr ankamen, fand unser Bus kaum noch Platz. Der Besuch des Märchengartens war für die meisten eine sehr angenehme Überraschung, und selbst die Teilnehmer mit den größten Bedenken wandelten langsam ihre Ansicht, zumal wir an den hier vorhandenen Objekten meine Vorschläge diskutieren konnten.
Selbstverständlich wurde auch die Frage ventiliert, ob so etwas zu einem Barockschloß passen würde. Da war die Antwort besonders leicht, ich brauchte ja nur auf die Theateraufführungen jener Zeit hinzuweisen, in denen es von Märchenfiguren nur so wimmelte, oder auf die Bauwerke des exotischen Gartens in Hohenheim.
So war, als wir wieder in Ludwigsburg ankamen, der Märchengarten eine beschlossene Sache. Lediglich das Ausmaß mußte noch festgelegt werden, denn der Finanzminister hatte sich die Entscheidung persönlich vorbehalten. Er fürchtete meinen Tatendrang und genehmigte dann auch

vorerst nur die Hälfte. Das war aber gar nicht schlimm, denn dadurch hatten wir gleich eine Anzahl neuer Attraktionen für das folgende Jahr.
Um auch noch die letzten Sorgen auszuräumen, schlug ich meinen Freund, Professor Heim, den Leiter der Bildhauerklasse der Stuttgarter Kunstakademie, als künstlerischen Berater vor. Durch seine Vermittlung beteiligten sich namhafte Künstler an der Ausgestaltung des Märchengartens und schufen gute Plastiken wie Esel, Papagei, Aschenbrödel und andere. Die hübscheste Plastik stammt von Professor Heim selbst, sie zeigt aus dem Märchen »Brüderlein und Schwesterlein« das Brüderlein, das zum Reh geworden ist.
Mit nicht geringer Spannung wurde von allen Beteiligten die Reaktion der Bevölkerung auf diesen Märchengarten erwartet. Ich selbst war fest überzeugt, daß das Unternehmen einschlagen würde, aber mit der Reaktion, die sich einstellte, hatte ich doch nicht gerechnet. Die Einnahmen stiegen um über 50 Prozent und im Jahr 1960 lagen sie sogar 100 Prozent über denen des Vorjahrs. Der Grund war sehr einfach. Dank des Märchengartens schleppten jetzt die Kinder ihre Eltern ins Blühende Barock. Aber damit die Besucher des Märchengartens bestimmt auch den ganzen Park erlebten, siedelten wir die Märchenfiguren in seiner hintersten Ecke an. Auch das hat sich sehr bewährt, denn viele Erwachsene, die eigentlich nur den Kindern zuliebe den Garten aufsuchten, waren von der Blumenpracht überrascht und beschlossen, den Besuch zu wiederholen.
Quasi durch die Hintertüre vermittelten wir Eltern und Kindern die Freude an den Pflanzen und Blumen des Schloßparks. Eine weitere wichtige Aufgabe sahen wir dar-

in, die Phantasie der Kinder anzuregen. Deshalb wird, bis auf zwei Ausnahmen, jeweils nur ein kleiner wichtiger Ausschnitt aus dem Märchen gezeigt. Natürlich bekamen wir auch Prügel für dieses Unternehmen: die Anlage sei Kitsch und keine Kunst. Aber erstens ist dies Geschmackssache, und zweitens bedeutete für uns der Märchengarten die finanzielle Rettung des Blühenden Barocks.

Auch die Pressearbeit war für den Ludwigsburger Park schwieriger als für die Wilhelma. Das änderte sich erst, als wir zu unseren Pressekonferenzen in den Bacchuskeller einluden. Dieser Keller ist ein hoher Raum mit einem mächtigen Gewölbe. Er umschließt ein Riesenfaß mit 90 000 Liter Fassungsvermögen, das mit Recht als das schönste Riesenfaß gilt und aus dessen Hahn man roten und weißen Wein zapfen kann. Dazu thront im Vorkeller auf einem anderen Faß ein Bacchus, der – wenn man an einem Hahn dreht – ahnungslose Besucher anspritzt. Da sich immer wieder ein Opfer fand, war für Stimmung rasch gesorgt. Kein Wunder, daß wir hier manchen Freund des Blühenden Barocks gewonnen haben, wenn wir mit ihm bei Wein und warmem Leberkäs feierten. Während wir den Märchengarten vorbereiteten, bekam ich Erich Jaeger, einen jungen Gartenbauingenieur, als neuen Mitarbeiter. Er bewährte sich und wurde bald die rechte Hand und später der Nachfolger meines Vertreters Redmann. Es war mir eine besondere Freude, diesen tüchtigen Mann als meinen Nachfolger beim Blühenden Barock vorzuschlagen.

Tristan war zu dick

Im Gegensatz zum Blühenden Barock, das bis zur Eröffnung des Märchengartens einen ständigen Besucherrückgang aufwies, stieg auch im Jahre 1956 trotz einer Erhöhung des Eintrittsgeldes der Zulauf zur Wilhelma weiter an. Da war es ein Glück, daß wir schon 1955 mit dem Umbau des Halbmondsees zu einer Robbenanlage begonnen hatten, die wir aus dem Fonds unserer Tombola finanzierten. Wir besetzten sie mit Seelöwen und einem Paar See-Elefanten. Die See-Elefanten waren von einem erfahrenen Robbenjäger namens Gräber gefangen und zu uns gebracht worden. Das weibliche Tier wurde bei Marion Island und der Mann bei Tristan da Cunha gefangen. Wir nannten sie deshalb Marion und Tristan. Herr Gräber hatte die Tiere auf der Fahrt um den halben Globus selbst begleitet und er erzählte uns, daß sich Tristan in seiner vier auf vier Meter großen Badekiste auf dem Schiffsdeck recht wohlgefühlt und daß er schon nach einer Woche gut gefressen hätte. Tristan war deshalb auch in einer großartigen Verfassung. Die Dame Marion dagegen war fast während der ganzen Fahrt in den Hungerstreik getreten, so daß sie bei ihrer Ankunft für eine See-Elefantendame ausgesprochen schlank war. Wir freuten uns über dieses schon als Jungtiere stattliche Paar und malten uns aus, wie die Tiere aussehen würden, wenn sie erwachsen sind. Dazu kam es leider nicht, denn nach wenigen Tagen lag Tristan morgens tot im Wasser. Das war wirklich ein Blitz aus heiterem Himmel, wir konnten uns dieses Phänomen mit dem besten Willen nicht erklären. Bis uns beim Literaturstudium eine Untersuchung in die Hände fiel, in der zu lesen war, daß See-Elefanten-Teenager, die während des Transports gut fressen, beim Einsetzen in ein Becken vielfach einem Herzschlag erliegen. Während des Transports haben sie nämlich zu wenig Bewegung, setzen deshalb noch mehr Fett an, und ihr Herz ist den plötzlichen Anstrengungen nicht mehr gewachsen. Diesen Bericht hatten wir leider etwas zu spät entdeckt. Wir beschworen Herrn Gräber, den nächsten See-Elefanten nur wenig zu füttern und für möglichst viel Bewegung zu sorgen. Dieses Verfahren hat sich auch bewährt, denn als Tristan II. im nächsten Jahr das Robbenbecken bezog, machte seine Eingewöhnung nicht die geringste Schwierigkeit. Dank seiner Gelehrigkeit wurde er bald ein gefeierter Star in der Wilhelma.

Aus dem Tod des ersten See-Elefanten zogen wir den Schluß, daß eine Beschäftigung dieser Tiere wichtig ist, da sie in der Weite des Ozeans große Strecken zurücklegen, um genügend Nahrung zu bekommen. Eine mit viel Bewegung verbundene Dressur und eine nicht zu üppige Ernährung schien uns die Voraussetzung für ein langes Leben dieser Tiere im Zoo. Die Bühnenreife erlangten die Wilhelma-Robben, als Heinz Scharpf ihre Pflege übernahm. Dieser junge Mann hatte als Tierpflegerlehrling bei uns begonnen und bald sein außergewöhnliches Geschick beim Umgang mit Tieren bewiesen, so daß ihm immer kostbarere Tiere anvertraut werden konnten. Er ist als Tierlehrer ein Naturtalent, und seine Robben-Vorführungen können sich mit jeder Zirkus-Glanznummer messen. Er war der erste Tierlehrer, der einen See-Elefanten motivierte, »Laut zu geben«, und Seelöwen und See-Elefanten gemeinsam zum Singen veranlaßte.

Der letzte Stelleninhaber war seine erste Mahlzeit

Die entscheidende Wendung für die Tierhaltung in der Wilhelma brachte das Jahr 1956. Es war nämlich ein Verein der Freunde der Wilhelma gegründet worden, dessen Vorsitz Kultusminister i. R. Schenkel übernommen hatte. Seinem Vorstand gehörten außer bekannten Vertretern der Wirtschaft drei Abgeordnete des baden-württembergischen Landtags an. Weitere in Politik und Wirtschaft führende Persönlichkeiten waren Mitglieder des Kuratoriums dieses Vereins, der in kürzester Zeit eine beachtliche Mitgliederzahl aufwies. Er hat es inzwischen dank seiner energischen Vorstandschaft auf über 2000 Mitglieder gebracht. Die beiden Nachfolger von Kultusminister Schenkel im Amt des Vorsitzenden, Wilhelm Blankenfeld und Dr. Walther Zügel, haben der Wilhelma unermüdlich wertvolle Hilfestellung gegeben. Zur Zeit finanziert der Verein ein Millionenobjekt, den Bau eines Tieraufzuchthauses. Dank dieses Vereins hatte sich auch beim Finanzministerium die Ansicht durchgesetzt, daß der Zoo in der Wilhelma zu einer Tatsache geworden war und daß man seinem Ausbau nicht mehr aus dem Weg gehen konnte.

So kam es zu einer denkwürdigen Sitzung in der Wilhelma unter Vorsitz des Finanzministers Frank. Diese Sitzung mußte in dem als Kassenraum benutzten Pavillon am Eingang der Wilhelma stattfinden, da es einfach keinen anderen Raum gab, in dem mehr als fünf Personen Platz fanden. Ich schlug vor, die Wilhelma zu einem Biologischen Garten zu machen. Damit sollte etwas geschaffen werden, was es bis dahin noch nicht gab, nämlich die Vereinigung von Tier-

und Pflanzenwelt in einem Schaugarten. Ich ging davon aus, daß sich ein solcher Garten an sämtliche Naturfreunde wendet. Dieser Vorschlag fand ungeteilten Beifall. Daß eine Erweiterung des Zooteils außerhalb der Wilhelma stattfinden mußte, wurde anerkannt. Ich erhielt den Auftrag, einen entsprechenden Plan zu entwerfen, der Teile des Rosensteinparks in den Tiergarten mit einbezog. Gleichzeitig ging es um Sofortmaßnahmen. Hier schlug ich die Errichtung eines Verwaltungsgebäudes, das zugleich Aufenthaltsräume für die Belegschaft enthielt, den Bau eines Aquariums und die Sanierung des Maurischen Landhauses vor.

Diese Vorschläge wurden gutgeheißen und die nötigen Planungsraten sollten in den nächsten Haushalt eingesetzt werden. Das war nun alles recht schön, und ich war auch der festen Überzeugung, daß es nun bald mit der Erweiterung und den entsprechenden Bauten losgehen würde. Deshalb beugte ich mich auch gerne der Forderung, den Tierbestand vorerst nicht zu vermehren. Ich wurde auch aufgefordert, umgehend eine Liste des Tierbestandes aufzustellen und dem Minister zu übergeben. Eine solche Bestandsliste sollte in Zukunft jährlich vorgelegt werden. Die Herren im Ministerium hielten es offensichtlich für angebracht, mir gewisse Zügel anzulegen.

Bei der Aufstellung dieser Liste kamen uns doch gewisse Zweifel, ob wir durch sie nicht etwas zu sehr in unseren Absichten behindert würden. Vorsichtshalber nahmen wir deshalb sämtliche Futtertiere gleichfalls auf, allerdings ohne sie als solche zu kennzeichnen. Wir brachten dadurch einen wirklich beachtlichen Tierbestand zusammen, im Vergleich zur Eröffnungsbilanz hatte er sich beinahe verdoppelt. So konnten wir auch in den folgenden Jahren unsere Tierkäufe in vernünftigem Rahmen fortsetzen, denn wir hatten ja genug Kaninchen, Mäuse, Ratten und Fische, die wir durch Schimpansen, Orang-Utans, Gorillas und viele andere Tiere ersetzen konnten. Das ging natürlich nur eine Zeitlang gut, dann fiel es doch auf, daß immer neue Tiererwerbungen in der Presse mitgeteilt wurden. »Jetzt hat dieser Schöchle wieder einmal ein Kaninchen durch einen Löwen ersetzt«, wurde allmählich das geflügelte Wort im Ministerium. Besondere Spaßvögel ergänzten diesen Satz noch mit den Worten, »und der bisherige Stelleninhaber war seine erste Mahlzeit«.

Als wir die Erweiterung des Zoos in Angriff nahmen, mußte ich erst einmal die beauftragten Architekten mit den Forderungen vertraut machen, die an ein Tierhaus gestellt werden müssen. Denn es gibt wohl Spezialisten für Industriebauten, Kliniken, Schulen und Wohnblöcke, aber keine Spezialisten für Zootierhäuser, dazu werden zu wenige gebaut. So wurden in ganz Westdeutschland seit 1939 nur fünf große Raubtierhäuser neu erstellt, das bedeutet alle acht Jahre eines. Mit anderen Großtierhäusern sieht es nicht besser aus. Wenn man aber bedenkt, wie sehr sich inzwischen unsere Vorstellungen in der Tiergärtnerei aufgrund der Erkenntnisse der Verhaltensforschung und der Hygiene geändert haben, kann man bereits einen Teil dieser Häuser schon wieder als veraltet bezeichnen.

Es blieb mir deshalb nichts anderes übrig, als mit den jeweiligen, für diese Planungen vorgesehenen Architekten Rundfahrten durch möglichst viele Zoos zu machen und ihnen an einzelnen Bauten die Vor- und Nachteile zu demonstrieren.

Besonders aufgeschlossen zeigte sich ein junger Bauassessor namens Fecker. Dank seiner Fähigkeit, das Kernproblem zu erfassen, erarbeitete er eine gute Grundkonzeption. Allerdings konnte ihn die Wilhelma nicht lange behalten. Er wurde zum Finanzministerium versetzt, wo er noch heute als höchster Baubeamter ein wohlwollender Freund der Wilhelma ist.

Ein Hahn legt Eier und andere Dressurakte

Bei den Neuerwerbungen in diesen Jahren achteten wir streng darauf, nur Tiere zu erwerben, für die wir eine Unterkunft fanden, die das Gesamtbild der Wilhelma nicht störte. Ein gutes Beispiel dafür sind die Seehunde, die wir in einem kleinen Teich im Magnoliengarten unterbrachten. Rund um eine kleine Insel inmitten des Sees konnten sie endlose Strecken schwimmen. Um ein Tierhaus zu vermeiden, gruben wir für die Riesenschildkröten Heizplatten in den Sand, die von den Tieren in der Nacht gerne als Schlafplatz benutzt werden.

Besonders viel Freude machten vor allem den Kindern die Panda genannten Katzenbären und Präriehunde. Auch für sie fand sich noch eine Ecke an der Wand des Wandelganges längs des Neckars. Da dieser Wandelgang unterkellert war, konnten wir den Panda einen Nachtstall bieten. Diese Ecke zeigte sich überhaupt sehr ergiebig, so konnten wir hier ein ganzes Tierhaus an dem ehemaligen Grenzgehölz des Theatergartens bauen. Hier brachten wir Helmkasuar,

Emu und Tapire unter und in ihrer Nachbarschaft Wildschweine und vietnamesische Hängebauchschweine.
Die Hängebauchschweine hatten wir vom Ostberliner Tierpark erhalten. Sie erwiesen sich als ungewöhnlich zuchtfreudig, und beim Anblick der drolligen Frischlinge ging allen Besuchern das Herz auf. Mit den Tapiren erlebten wir eine ganz besondere Überraschung. Wir wollten durch einen Elektrozaun ihr Gehege begrenzen. Während nun andere Tiere, sobald sie von einem elektrischen Schlag getroffen wurden, zurückwichen, rannten die Tapire wie von der Tarantel gestochen geradeaus durch den Zaun hindurch.
Eine wesentlich angenehmere Überraschung bereitete uns unser Helmkasuar. Dieser Riesenvogel legte eines Morgens ein Ei, das zeigte, daß der Er eine Sie war. Darauf kaufte ich sofort einen weiteren Kasuar, in der Hoffnung, damit züchten zu können. Wer beschreibt unsere Überraschung, als nach einiger Zeit auch dieser Kasuar Eier legte. Da keine weiteren Helmkasuare auf dem Markt waren, tauschte ich eine der Hennen gegen einen Kasuar aus einem anderen Zoo. Da er noch nie Eier gelegt hatte, mußte es ein Hahn sein. Jedoch was tat dieser garantierte Hahn bei uns? Er legte Eier!
Die bedeutendste Erwerbung dieser Zeit waren zwei Schimpansenpärchen. Es waren schöne, etwa vier Jahre alte Tiere, die einer kranken Artistin gehörten. Dieser Kauf lohnte sich sehr, denn die beiden Schimpansenmädchen erwiesen sich als sehr intelligent. Als wir den Schimpansen auf der Ostseite des Terrariums einen Bau mit zwei Außenkäfigen einrichteten, erwies sich Kicki als Ausbrecherin von hohem Rang. Sie tastete das Wellengitter mit ihren Lippen ab und erkannte dabei offensichtlich jede spröde Stelle

des Materials. Dann zog und drückte sie so lange an dem Draht, bis er endlich brach. Das erforderte allerdings viel Geduld und einen Kräfteaufwand, wie er uns Menschen nicht zur Verfügung steht. Darauf löste sie das Drahtgeflecht regelrecht auseinander und lud ihre Käfiggenossen zu einem Spaziergang ein. Zuletzt hatte sie eine solche Gewandtheit erlangt, daß wir mit den Reparaturen nicht mehr nachkamen. Es blieb uns nichts anderes übrig, als sie an einen Zoo mit stärkeren Käfigen abzugeben.

Da waren uns die Fähigkeiten ihrer Artgenossin Sonni entschieden lieber. Dank ihrer Lernfähigkeit wurde auch sie bald zum Star und bestritt ein etwa halbstündiges Programm, angefangen bei der Fütterung der Seelöwen und aufgehört mit einem Balanceakt. Ihr Lehrer war wiederum Heinz Scharpf.

So hatten wir, was uns betrifft, alles getan, um die Zahl der Futtertiere zugunsten der Ausstellungstiere zu verringern. Aber der Platz in der Wilhelma wurde immer enger, und im Ministerium regte sich nichts. Deshalb war es wieder einmal nötig, an seinem Lieblingsmöbelstück, an der langen Bank, kräftig zu rütteln. Dazu hatten wir den Volksfestzug ausersehen.

Zusammen mit dem Verein der Freunde der Wilhelma füllten wir einen Unimog mit Steifftieren aller Art und beschrifteten den Wagen mit folgendem Vers: »Auf unsre Pläne fiel ein Reif, bald reichts nur mehr zum Zoo von Steiff. Doch willst Du nicht, daß das so sei, tritt schleunigst dem Vereine bei.« Zwei Tage später brachten die Zeitungen die Meldung, daß sich spontan 200 neue Mitglieder beim Verein der Freunde der Wilhelma eingeschrieben hätten. Das stimmte zwar, aber nur insofern, als Ehepaare, die bisher als

ein Mitglied galten, nun getrennt geführt wurden. Die Meldung tat ihre beschleunigende Wirkung, auch wenn wir ein bißchen manipuliert hatten.
Da inzwischen mein Freund und Mitarbeiter Jochem krankheitshalber ausgeschieden war, stellte ich Herrn Laukenmann als Nachfolger ein, der sich als große Stütze für mich und später für meinen Nachfolger erwies.

Alles andere als kleine Fische

In diese Zeit fielen auch mehrere Meeres-Fangfahrten. Da wir unsere erste Fahrt an die Riviera im Herbst 1955 wiederholt hatten, war es zweckmäßig, die Adria aufzusuchen, um von der dortigen Meeresfauna zu profitieren. Da Professor Dr. Pflugfelder von der Universität Hohenheim häufig Exkursionen nach Rovinj in Jugoslawien machte und dort eine meeresbiologische Station bestand, wählte ich diese Stadt gleichfalls als Basis, denn hier konnte ich die Fangergebnisse bis zu meiner Abfahrt gut unterbringen.
Bei Rovinj fanden wir im Meer um die roten Inseln Wachsrosen, Purpur- und Edelsteinrosen in großer Zahl, auch Seesterne, Schlangensterne und verschiedene Krebsarten. Da die Unterwasserjagden hier noch nicht üblich waren, standen allenthalben große Schwärme der vielfältigsten Fische, die wir leider nicht alle mitnehmen konnten, da der Platz in unserem Mercedes zu beschränkt war. An der Hafenmole vom Pula fanden wir wunderbare Schraubensabellen, und was das Schönste war, hier hatten Tintenfische ab-

gelaicht, die wir in der Wilhelma aufziehen konnten.
Das Tollste erlebte ich auf der nächsten Fangfahrt in der Bucht von Bakar. Diese Bucht schneidet sehr tief in das Land ein und ist von hohen Bergen umgeben. Deshalb zeigt die Wasseroberfläche an ruhigen Tagen überhaupt keine Bewegung. Dazu war das Wasser wunderbar klar, somit zum Tauchen ideal. Ich versuchte deshalb mein Glück. Es lohnte sich auch wirklich, denn bald sah ich in etwa drei Meter Tiefe Wachsrosen von einmaliger Größe und Schönheit. Ich bremste ab und wollte zu den Rosen hinunterstoßen. Da verschwamm plötzlich alles vor meinen Augen. Entsetzt tauchte ich auf. Sobald ich den Kopf über Wasser hatte, war alles wieder klar, und ich hatte nicht mehr die geringste Sehstörung. Ich tauchte an einer anderen Stelle. Auch diesmal kam es zur gleichen Erscheinung, das Wasser war ohne die geringste Trübung, aber ich konnte nichts erkennen, es war wie verhext.
Des Rätsels Lösung fand ich, als ich am Strand entlangging. Hier merkte ich, daß große Mengen Süßwasser aus dem Berg herausdrangen. Da nun das Meer in dieser Bucht nicht den geringsten Wellenschlag aufwies, kam es zu einer Überschichtung des schwereren Meerwassers mit dem leichteren Süßwasser. Durch meine Schwimmbewegungen hatte ich beide Schichten vermischt und dadurch die gleiche Schlierenbildung hervorgerufen, wie wenn man Zucker in einer Teetasse auflöst.
Nach Rovinj zurückgekehrt, verpackten wir unsere Beute in Plastiksäcke mit Meerwasser, das mit Sauerstoff angereichert war. Wir wollten die Tiere noch in Jugoslawien in die Bahn verladen. Das erwies sich als zu schwierig, so daß wir mit unserer Last über den Wurzenpaß nach Klagenfurt

fahren mußten. Da abends der Grenzübergang geschlossen wurde, mußten wir übernachten und konnten erst um acht Uhr morgens nach Österreich einreisen. Zu dieser Zeit sollte die Sendung aber bereits in Stuttgart in den Aquarien sein. Zu unserem Schrecken war schon bis Klagenfurt die Hälfte der Tiere infolge Sauerstoffmangels eingegangen, wenigstens der Rest traf wohlbehalten in Stuttgart ein.
Wir hatten auf dieser Fangfahrt viel gelernt, und als wir im folgenden Jahr wieder nach Rovinj fuhren, benützten wir das Aquarium von Triest als Zwischenstation, wo wir die Tiere vor dem Transport nach Deutschland mit frischem Wasser versehen konnten. Diesmal klappte alles wesentlich besser, trotzdem erlebte ich wieder eine unangenehme Überraschung. Wir machten in der Bucht von Bakar wieder Jagd auf die wunderbaren Wachsrosen. Dabei blieben einige Tentakelköpfchen an meinem Zeigefinger hängen. Als ich das Mundstück des Atemgeräts zurechtrücken wollte, kamen diese Köpfchen an die Oberlippe. Daß dies heftige Schmerzen hervorrief, war nicht weiter schlimm, aber meine Oberlippe schwoll an wie eine Renommierbratwurst, und so mußte ich total entstellt 14 Tage lang herumlaufen. Weil ein Unglück selten allein kommt, verletzte sich meine Frau beim Verpacken eines Drachenkopfes an den giftigen Rückenflossen dieses Fisches. Sie litt unter heftigen Schmerzen, und ihr Arm blieb 24 Stunden steif, worauf Schmerz und Steifheit ebenso schlagartig wieder verschwanden wie sie gekommen waren.
Die nächste Tour an die Adria verband ich mit einer Einkaufsfahrt nach Italien. Ich hatte vor, der Wilhelma durch große Mengen von Palmen und Oleander ein ihrem maurischen Baustil entsprechendes südländisches Gepräge zu

geben. Deshalb mußten die gefangenen Tiere mit der Bahn direkt ab Triest transportiert werden. Als Transportbegleiter war unser Aquarienpfleger Kurt Kaiser mit von der Partie.

Der Kampf mit der Bürokratie in Italien war zum Steinerweichen. Zu meiner Überraschung verlangten die Behörden Ausfuhrpapiere für Fische. In der veterinärpolizeilichen Dienststelle wurden wir von einem Beamten befragt, wo wir die Tiere her hätten. Ich antwortete: »Aus dem Meer.« Auf die etwas eigenartige Frage »wieso« konnte ich nur antworten, daß das eben der Lieblingsaufenthalt dieser Tiere wäre. Darauf nahm uns der Schreiber mit zu seinem Vorgesetzten. Dieser war gerade im Begriff, uns eine Ausfuhrbescheinigung auszustellen, als plötzlich der Stempel in der Luft hängenblieb. Auf die Frage, wie wir denn die Tiere befördern wollten, erklärte ich ihm das Verfahren mit den mit Meereswasser gefüllten Plastiktüten. Jetzt kam ihm ein furchtbarer Verdacht. Ob das tatsächlich richtiges Meerwasser wäre? Und ob wir nicht wüßten, daß im Meerwasser Salz enthalten wäre? Und ob wir noch nie gehört hätten, daß die Salzausfuhr vom Monopolamt genehmigt werden müsse? Ich erklärte mich bereit, das Salzwasser nach Gebrauch über den Neckar wieder ins Meer befördern zu lassen und auf keinen Fall mein Essen damit zu würzen, aber davon wollte er nichts wissen. Also auf zum Monopolamt!

Hier wurde ich mit großer Zuvorkommenheit empfangen und lernte viele Beamte dieser segensreichen Behörde kennen, denn einer wies mich zum anderen, weil er nicht zuständig war. Zuletzt kam ich zum entscheidenden Mann, aber der wollte offenbar auch nichts entscheiden, denn er fragte mich, wo wir denn eigentlich dieses Meerwasser her hätten. Ich verriet ihm, daß das Wasser aus dem Aquarium von Triest stammte. Das genügte ihm offenbar nicht, denn er fragte mich weiter, woher dieses Meerwasser bezogen würde. Eine Rückfrage ergab, daß es aus einem Außenhafen für Segelboote entnommen wurde. Darauf wurde festgestellt, daß das Triester Aquarium nur das Recht hätte, für den Eigenbedarf Meerwasser zu entnehmen. Schließlich bekamen wir unseren Stempel doch noch. Geringfügigkeit war die Begründung. Jedenfalls waren wir uns einig, daß die deutsche Bürokratie doch recht harmlos gegen die italienische ist.

Gondelfahrt durchs Märchenland

Während des letzten Drittels der fünfziger Jahre hatte sich dank des Märchengartens der Besuch im Blühenden Barock in Ludwigsburg äußerst erfreulich entwickelt. Deshalb bestanden auch keine Bedenken gegen seine Erweiterung.

Ich ließ in der Emichsburg einen Turm errichten, dessen Quader transparent waren, und der von Zeit zu Zeit von innen beleuchtet wurde, so daß man das schlafende Dornröschen sah. Die Wendeltreppe, die im Innern der Emichsburg nach unten führt, versahen wir mit bemalten Fenstern, die Szenen aus dem Märchen »Die zertanzten Schuhe« zeigen. Der Stollen am Ende der Treppe lud geradezu ein, den Rübezahl darzustellen. Von hier bauten wir eine zusätzliche

Treppe ins Freie, zum Aschenbrödel. Damit war ein richtiger Rundgang geschaffen.
Eine Überraschung zur Bundesgartenschau 1961 in Stuttgart war die große Broderie auf der Nordseite des Schlosses Ludwigsburg, auf der sogenannten Planie. Daß hier nie eine große Broderie bestand, war mir klar, denn erst in der Zeit des Rokoko wurde das tiefe Tal zwischen Schloß und Favoritepark aufgefüllt. Dieser Platz jedoch forderte geradezu eine solche Anlage. Hier hat man nämlich den besten Blick von oben, und nur von oben gewinnt man den überwältigenden Eindruck der bunten Farben der verschiedenen Kiese in Verbindung mit dem Grün des Rasens und der Buchshecken.
Aus diesem Grund waren auch die ersten Broderien in trokkengelegten Gräben alter Wasserschlösser und auf Terrassengärten, wo man die Beete von oben betrachten konnte, zur Zeit der Renaissance entstanden. Auch während des Barocks sorgte man dafür, daß man sie von einem erhöhten Standpunkt aus genießen konnte.
Für die Ludwigsburger Broderie legte ich den Entwurf einer Anlage zugrunde, die vor dem Louvre in Paris zur Zeit Eberhard Ludwigs bestand. Mit dem Unterschied, daß ich in die Mitte der dreieckigen Beete ein Medaillon mit den vier Nebenwappen Eberhard Ludwigs legte. Nun hätte eigentlich den klassischen Vorbildern entsprechend in das Zentrum der ganzen Anlage das Hauptwappen des Fürsten gehört, aber ich fand einen Butterflybrunnen attraktiver. Leider mußten wir ihn nach ein paar Jahren wieder entfernen, da unser kalkhaltiges Wasser zu viele Störungen verursachte. Die Dreiecksbeete waren von bunten Rabatten eingefaßt, die Gegenstand heftiger Kritik wurden, da es an-

geblich solche Rabatten zur Zeit des Barocks nicht gab. Zeitgenössische Bilder im Nymphenburger Schloß beweisen das Gegenteil, sie zeigen solche Rabatten mit bunten Blumen. Als Abschirmung gegen die belebte Stuttgarter und Marbacher Straße pflanzte ich hohe Hecken an, in denen wir Volieren unterbrachten, gemäß dem barocken Gedanken, daß die Vögel unserer Erde zum Serenissimus in seinem Schloß aufblicken. Trotz der großen Häufung der Volieren mit zirka 500 Vögeln fallen sie durch die Art ihres Einbaus in die Hecken kaum auf.
Als die Broderie fertig war, überraschte auch mich ihre ausgezeichnete Wirkung. Man kann die Broderie nämlich von drei verschiedenen Standpunkten aus betrachten. Wenn man auf der Schloßterrasse steht oder in der westlichen Spiegelgalerie, sieht man die Broderie von oben und hat die Wirkung der bunten Kiese. Steht man direkt vor der Broderie, wirken die zahllosen Buchsornamente. Kommt man aus dem Tal heraus, bilden die Rabatten eine riesige Blumenwiese, aus der die Wasserstrahlen der Fontäne emporspringen.
Bei unseren Veränderungen in den Anlagen des Ludwigsburger Schloßgartens lagen uns aber auch arbeitskräftesparende Verbesserungen am Herzen. Deshalb versahen wir fast das ganze Blühende Barock mit einer Versenk-Regneranlage, die das umständliche Schleppen von Schläuchen überflüssig machte. Zur Anzucht der Sommerpflanzen bauten wir große Gewächshäuser. So konnten wir unsere Gärtner bei Regen im Trockenen mit der Pflanzenanzucht beschäftigen. Durch die steigenden Lohnkosten konnten wir allerdings immer weniger investieren, zumal auch die Materialpreise gestiegen waren, bis die Finanzdecke so

kurz geworden war, daß wir um eine kräftige Anhebung der Eintrittspreise auch für Dauerkarten nicht mehr herumkamen.

Eine gründliche Untersuchung bestätigte meine Überzeugung, daß wir auch diesmal nur über den Märchengarten Aussicht hatten, den Besuch so anzuheben, daß das Blühende Barock aus den roten Zahlen kam. Nun hatten die Schweizer 1939 bei ihrer alle 25 Jahre stattfindenden Landesausstellung einen Bach durch die Ausstellungshallen geleitet, auf dem man in kleinen Schiffchen fahren konnte. Der Bach war so geführt, daß das Wasser zum Ausgangspunkt zurückfloß. Hier wurde es dann einfach hochgepumpt und die Boote hochgezogen. Diese Fahrt hatte uns damals viel Spaß gemacht, und ich erinnerte mich, daß sich am Einstieg ständig eine Menschenschlange drängte. Ich war überzeugt, daß ein solcher Bach das Blühende Barock finanziell gesundmachen könnte. Nur war mir vorerst noch zu viel Technik an dem System. Das Problem verfolgte mich dauernd, sogar bis in die Badewanne. Hier kam mir denn auch die zündende Idee. Genau wie man mit der Hand das Wasser zu einem Rundverkehr bewegen konnte, mußte es bei dem Bach auch gehen. Am besten mit einem Mühlrad, denn wenn ein Bach ein Mühlrad treiben konnte, mußte es doch umgekehrt auch funktionieren. Das entsprach auch der Märchenvorstellung, bei der das Unwirkliche wirklich und das Ungewöhnliche selbstverständlich wird. Es galt nur noch, kenterfreie Boote zu konstruieren und das Bachbett anzulegen. Beides ließ ich aus Kunststoff herstellen.

Da es sich ja um einen Märchenbach handelt, durfte er natürlich nicht an den Häusern vorbei, sondern mußte durch diese hindurchfließen. In einem der Häuser siedelten wir die kluge Else an, die mit der ganzen Familie im Keller sitzt, während oben das Essen kalt wird. In einem anderen Haus begrüßt uns das tapfere Schneiderlein mit den Worten: »Sieben auf einen Streich.«

Die Wochen vor der Eröffnung der, wie wir es nannten »Gondelfahrt durchs Märchenland«, waren turbulent. Zwei Tage vor der Eröffnung konnte das Bachbett erstmals mit Wasser gefüllt werden. Es zeigte sich, daß alle Beteiligten ganze Arbeit geleistet hatten. Das Bett war dicht. Die berechnete Strömungsgeschwindigkeit von einem Meter in der Sekunde wurde erreicht, und die Boote glitten über ein Schiffshebewerkchen, als ob sie das seit eh und je getan hätten. Mir fiel wieder einmal ein Stein vom Herzen.

Ich hatte den Finanzminister Dr. Robert Gleichauf gebeten, die Eröffnung vorzunehmen. Allerdings nicht, weil er Finanzminister, sondern weil er der kinderreichste Minister Deutschlands war. Ich bat ihn, seinen »Reichtum« mitzubringen, was er auch tat, und so konnte er mit seiner Gattin und einem Teil seiner elf Kinder einige Boote der Blühenden-Barock-Flotte besetzen.

Diese »Gondelfahrt durchs Märchenland« kam bei der Bevölkerung ganz groß an, und die Besucherfahrt kletterte wieder auf die alte Höhe.

In der Wilhelma hatte sich inzwischen einiges getan, unsere Fahrten hatten Früchte getragen, es wurde eine Planungsgruppe gegründet, der Diplom-Ingenieur Schmidberger vorstand. Mit ihm hatten wir einen Mann gewonnen, der als Bauleiter des Landtagsgebäudes sein Können bereits unter Beweis gestellt hatte. Als erstes betrieb er die Fertigstellung des Maurischen Landhauses.

Um eine gute Koordinierung zwischen Architekten, Bauleiter, Zoologen und Gärtner zu erreichen, fand jeden Montag in meinem Büro eine Besprechung statt, in der jeder seine Gedanken und Vorstellungen vortragen konnte. Diese Besprechungen waren äußerst fruchtbar, zumal ich möglichst für eine heitere, gelöste Stimmung sorgte. Das wirkte sich schon beim Bau des Maurischen Landhauses hervorragend aus.

Die Gewächshäuser links des Landhauses bildeten den Eingang und dienten gleichzeitig zur Einstimmung. Das Landhaus selbst hatte ein Glasdach bekommen und nahm einige größere Volieren auf. Eine Treppe führt zu einer Empore mit wertvollen Tropenvögeln, darunter eine kostbare Sammlung von Paradiesvögeln. Durch dieses Haus hatten unsere Tropenvögel erstmals eine wirklich gute Unterkunft gefunden. Im Maurischen Landhaus richteten wir auch das erste Nachttierhaus auf dem Kontinent ein. Hier wird der Tag zur Nacht und umgekehrt. Bei den Tieren ist es wie bei den Menschen, innerhalb von zwei Tagen haben sie sich an den neuen Tag- und Nachtrhythmus gewöhnt. Man hat dann das Vergnügen, Tiere, die man bisher als schlafende

Wollknäuel in einer Ecke liegen sah, nun bei ihrer erstaunlichen Aktivität zu erleben. Die Flughunde flattern durch ihr Gehege, und die Schnabeligel, diese eierlegenden Säugetiere Australiens, sind unterwegs.
So war für die Wilhelma eine neue Ära angebrochen, wie Finanzminister Dr. Hermann Müller bei der Eröffnung dieses Hauses am 7. Juni 1962 verkündete. Schon während des Baues des Maurischen Landhauses war die Planung des neuen Aquariums das Thema Nummer eins. Als Grundlage dafür mußten wir zuerst einen Bedarfsplan aufstellen. Die Architekten mußten wissen, welche Art von Tieren wir in den Becken halten wollten, wie groß die Becken sein müssen und welche Einrichtungen benötigt werden. Zum Beispiel brauchten die Nordsee- und das Forellenbecken Kühleinrichtungen und die Behältnisse für die Bewohner tropischer Gewässer Heizungen. Jedes Becken benötigte eine Filterung. Wir mußten uns entscheiden, aus welchen Bekken das Wasser gemeinsam gefiltert werden kann, und wo Einzelfilterung unumgänglich ist, um zu vermeiden, daß Krankheiten übertragen werden. Für die beträchtlichen Mengen Süß- und Meerwasser der großen Schauaquarien mußten beachtliche Filteranlagen installiert werden, und es war für die Salze zur Herstellung von Meerwasser ein Salzlager erforderlich. Außerdem wurden große Becken benötigt, in denen Meerwasser hergestellt werden konnte und noch weit größere, um stets einen ausreichenden Vorrat an Meerwasser für den Katastrophenfall zu haben.
Weitere Becken wurden für Futtertiere benötigt, Zuchtbekken mußten eingeplant werden sowie eine Zahl Reservebecken, die mindestens so groß sein mußten wie die Schaubecken. Man mußte ja kranke Fische behandeln und so vie-

le Fische in Reserve haben, daß jederzeit bei Ausbruch einer Seuche die Schaubecken neu besetzt werden konnten. Es war eine Unzahl von Forderungen, die auf die Architekten zukam, denn wir brauchten für die Nebeneinrichtung dreimal soviel Raum wie wir für die Schaubecken vorgesehen hatten. Das waren reale Forderungen, denen sich die Architekten zu beugen hatten.

Als wir uns über diesen Bedarfsplan geeinigt hatten, zeigten sich die Architekten über Erwarten großzügig und mutig. Sie rückten mit dem Plan heraus, den Festsaal abzubrechen und die ganze Fläche zwischen Wandelgang und Halbmondsee großzügig zu überbauen. Natürlich bedauerte ich den Abbruch der Festsaalruine, die anmutiger und graziler wirkte als der intakte Festsaal. Da aber ein Wiederaufbau nicht sinnvoll war, trug ich den Verlust mit Fassung.

Die Platzwahl für das neue Aquarium hatte allerdings zur Folge, daß wir die Bewohner des bestehenden Aquariums umsiedeln und auch die Menschenaffenunterkünfte, die wir gerade vergrößert hatten, um unsere Orang-Utans unterzubringen, verlegen mußten.

Für die Menschenaffen bauten wir ein respektables provisorisches Gebäude in der Verlängerung der südlichen Lindenallee entlang des Giraffengeheges. Für die Aquarien- und Terrarientiere entstand als Provisorium ein 60 Meter langes und zehn Meter breites Gewächshaus entlang des Wintergartens, mit dem es durch einen Gang verbunden war. Dank des Umstandes, daß an dieser Stelle keinerlei Rücksicht auf die Architektur genommen werden mußte, war in diesem Zweckbau ein Optimum an Licht für die Aquarien mit einem Minimum an Kosten verbunden. Dieses Haus war trotz seiner bescheidenen Aufwendungen mit

das beste Aquarium, das ich kennengelernt habe. Wir hatten in diesem Haus auch hervorragende Haltungserfolge.
Dieses Interimsaquarium hatte noch einen weiteren Vorteil. Wir konnten hier sehr viel ausprobieren, was wir für verbesserungsbedürftig hielten, und experimentierten deshalb kräftig drauflos, zugunsten des endgültigen Aquariums.
Aber auch für diesen Fall galt die alte Binsenweisheit: »Der Teufel steckt im Detail.« Gerade in der Zeit nämlich, als das neue Aquarium entstand, begann die große Zeit der Kunststoffe. Leider waren viele noch nicht erprobt und man erlebt heute noch manche Überraschung. Es war ein Glück, daß sich Dr. Neugebauer mit großer Akribie in die Details einarbeitete, und es ist dem Gespann Neugebauer-Schmidberger zu verdanken, daß dieses Haus bis heute unübertroffen ist.
Im nördlichen Teil werden die Tiere der kalten und der temperierten Zone gezeigt. Damit das Interesse der Besucher nicht erlahmt, werden sie nun in die Terrarienabteilung geführt, deren Höhepunkt die Krokodilhalle ist. Erst dann betritt man den zweiten Aquarienteil, in dem man die Fische der tropischen Gewässer bewundern kann. Die größte Kostbarkeit des Aquariums, die Fische des Korallenmeeres, erwartete die Gäste ganz zum Schluß. Als besondere Auflockerung sind Klimalandschaften eingefügt, die dem Besucher klarmachen, daß das Leben innerhalb und außerhalb des Wassers eine Einheit bildet, wenn sich auch zwei Welten gegenüberstehen.
Die Bauzeit des Aquariums dauerte vier Jahre. Eine kurze Zeit, wenn man an die technische Einrichtung und die Schwierigkeiten denkt, die durch den Baugrund bedingt

waren. Wir befanden uns hier in einem Sumpfgelände, das durch Travertinschichten, als Quellablagerung, unterbrochen wird. Durch diesen Sumpf war eine Pfahlgründung nötig. Da wir uns jedoch im Schutzgebiet der Cannstatter Quellen befanden, durfte auf keinen Fall gerammt werden. Die Pfähle wurden deshalb in die Erde gebohrt. Das war umständlich und zeitraubend.

Eine weitere Verzögerung brachte die Lieferung des selbstschattierenden Glases für die Krokodilhalle. Dieses Glas besteht aus zwei Gläsern, zwischen denen sich eine dünne Schicht befindet, die sich bei einer bestimmten Temperatur milchig trübt und dadurch die Pflanzen vor dem Verbrennen schützt. Es war dann auch ein besonderer Tag in der Geschichte der Wilhelma, als dieses Aquarium am 27. April 1967 eröffnet wurde.

Das Staunen war allgemein. Das Zusammenwirken von Zoologie und Botanik wurde bei uns erwartet. Aber diese Erwartungen konnten wir jedoch durch die Krokodilhalle und die Klimalandschaften weit übertreffen. Als wir die Festgäste aus dem Schaubereich hinter die Kulissen führten, war die Überraschung perfekt. Selbst die gewiegtesten Fachleute gaben zu, daß sie in keinem Aquarium eine so ausgefeilte Technik erlebt hätten. Den größten Eindruck machte natürlich auf die Nichtfachleute unter den Ehrengästen das Gewirr von Leitungen, Kabeln und Apparaturen; erinnerte es doch mehr an ein Chemiewerk als an ein Aquarium.

Uneingeschränkte Bewunderung rief bei den Laien das Rundum- oder Arenabecken hervor. Es handelt sich dabei um ein Becken, das rings von Glasscheiben umschlossen ist. Damit es gereinigt werden kann, befindet sich in seiner

Mitte eine Insel, zu der man in ihrem Inneren wie im Turm eines U-Bootes über eine Leiter hinaufsteigt. Der Finanzminister war bereit, mit uns in diesen Turm einzusteigen und staunte nicht schlecht, als er rings von Wasser umgeben war. Er fragte: »Wo sind denn da die Besucher?« Wir deuteten nach unten, aber er sah nur Wasser und Fische und konnte es nicht glauben, daß dies nur eine Spiegelung der Glasscheibe war. Seine nächste Frage war: »Ja, können denn die Leute mich sehen?« Als ich das verneinte, aber erklärte, wenn der die Hand ins Wasser strecke und Daumen und Zeigefinger reibe, wüßten die Besucher bestimmt, daß der Finanzminister im Kommandoturm des Aquariums stünde, schickte er seinen Referenten extra in den Besucherraum, damit er unsere Behauptung kontrolliere. Als dieser die Tatsache bestätigte, meinte er nur kopfschüttelnd: »Was send ihr bloß für Kerle?« Das Urteil der Fachwelt über dieses Aquarium kommt am besten zum Ausdruck in einem Satz, den ein begeisterter Kollege in seinem Artikel in der Fachpresse schrieb: »Mit diesem Aquarium hat die Wilhelma neue Maßstäbe in der Aquaristik gesetzt.«

Die Menschenaffenluxusbaracke und andere Wohnungsprobleme

Während dieser turbulenten Zeit des Aquariumbaues war natürlich auch sonst allerhand passiert. Wie ich bereits berichtet habe, besaßen wir beim Umzug neben Schimpansen auch schon Orang-Utans. Infolge unserer drangvollen Enge ließ ich mich jedoch von meinen Mitarbeitern überreden, keine neuen Tiere mehr zu kaufen und damit noch bis zum Bau eines Menschenaffenhauses zu warten. Das änderte sich aber schlagartig, als bei der Zoodirektorentagung in Nürnberg der Antrag gestellt wurde, daß sich die deutschen Zoodirektoren verpflichten sollten, keine Orang-Utans mehr zu kaufen, um der Ausrottung dieser Tiere Einhalt zu gebieten. Dieser Antrag war bestimmt sehr löblich und durchaus im Sinne des Naturschutzes, denn wenn diese Tiere keinen Abnehmer finden, werden sie auch nicht mehr gefangen. Er hatte nur zwei Schönheitsfehler. Erstens, daß er ausgerechnet von einem Kollegen gestellt wurde, der über den größten Orang-Utan-Bestand in Deutschland verfügte und zweitens, daß ein solcher Beschluß völlig wirkungslos war, solange er nur von ein paar deutschen Zoodirektoren gefaßt wurde. Es kam deshalb zu einem tragbaren Kompromiß. Wir beschlossen, daß sich die deutschen Zoodirektoren verpflichten, keine Orang-Utans zu kaufen, falls ein diesbezüglicher Beschluß ebenfalls von den Mitgliedern des internationalen Verbandes gefaßt wird. Ich hielt es für richtiger, dafür zu sorgen, daß die Tiere nur in solche Hände kommen, die Gewähr für eine erfolgreiche Zucht bieten, damit diese interessanten Tiere vor dem Aussterben bewahrt werden. Meine Argumentationsgrundlage war folgende: Die Orang-Utans sind in erster Linie durch die Rodung der Urwälder in ihrer Heimat zum Aussterben verurteilt, und eine erfolgreiche Nachzucht in den Zoos ist die einzige Überlebenschance für diese Tiere. Wie richtig meine Einstellung war, zeigt die Tatsache, daß inzwischen in der Wilhelma 14 Orang-Utans gebo-

ren wurden, mit denen zahlreiche zoologische Gärten versorgt werden konnten.
Ich verließ den Kongreß vorzeitig und war einen Tag später mit unserem Vertragstierarzt auf der Fahrt nach Holland. Dort wollten wir Orang-Utans untersuchen und, wenn sie gesund sind, kaufen. In Tilburg fanden wir dann auch zwei Orang-Utan-Paare, die uns sehr zusagten und vollkommen gesund waren. Lediglich das eine Männchen war sehr mager und nicht besonders kräftig. Da der Händler die Gruppe nicht zerreißen wollte, nahmen wir den Schwächling mehr aus Mitleid mit. Außerdem, so glaubten wir, war eine Reserve ganz gut, falls dem anderen Mann etwas zustoßen und inzwischen der Beschluß, keine Orang-Utans mehr zu kaufen, realisiert werden sollte.
Diese Fahrt und der rasche Kauf hatten sich zweifach gelohnt. Zwei Tage später war der Nürnberger Beschluß durchgesickert und die Preise zogen gewaltig an, weil sich alle Zoos noch eindecken wollten. Aber auch der Kauf des mickrigen Orang-Utans stellte sich insofern als Erfolg heraus, als ausgerechnet dieser Schwächling der beste Zucht-Orang in der Wilhelma wurde und schöne Nachwuchstiere brachte.
Auch baulich war damals eine Menge in der Wilhelma los. Eine schöne Sache war die Planung und der Bau eines Belegschaftsheimes. Wie schon oben erwähnt, war die Beschaffung von Arbeitskräften von einer hohen Bezahlung oder von der Bereitstellung von Wohnraum abhängig. Da wir an die staatliche Besoldung gebunden waren, die sich damals nicht gerade durch üppige Dotierung auszeichnete, konnten wir damit wirklich nur Idealisten ködern. Auch diese wollten am Abend das müde Haupt irgendwohin le-

gen. Deshalb war das Wohnraumproblem immer dringender geworden. Die Wohnungen in der Wilhelma hatten auch den großen Vorteil, daß im Katastrophenfall stets genügend Kräfte zur Hand waren, sei es bei plötzlichen Kälteeinbrüchen, Sturm oder Hagel oder bei irgendwelchen Schwierigkeiten in der Tierpflege. So war es besonders glücklich, daß ich meinem Vertreter Dr. Neugebauer hier eine Wohnung anbieten konnte. Auch für unseren hauptamtlichen Tierarzt war gleichfalls die Möglichkeit geboten, im Betrieb zu wohnen und damit ständig erreichbar zu sein. Als wir die Tierarztstelle ausgeschrieben hatten, war unter den Bewerbern auch ein Mann, der jahrelang Assistent am Institut für Tierheilkunde in Hannover gewesen war und jetzt in der Industrie einen hochbezahlten Posten einnahm. Bei der Lektüre seiner Bewerbung lief mir förmlich das Wasser im Munde zusammen. Nur fürchtete ich, daß wir diesem Bewerber nicht genug bieten könnten. Trotzdem lud ich ihn zur persönlichen Vorstellung ein. Doktor Reichel war von dem gebotenen Tätigkeitsgebiet und der Aussicht, von der Schreibtischtätigkeit bei der Industrie wegzukommen, restlos begeistert. Er nahm es sogar ohne weiteres in Kauf, eine erhebliche finanzielle Einbuße zu erleiden, denn mit Industriegehältern konnten wir nicht konkurrieren.

Die Spitze unseres Teams sah nun so aus. Dr. Neugebauer war mein Stellvertreter, außerdem hatte ich ihn mit der fachtechnischen Aufgabe bei der Aquarienplanung beauftragt. Dr. Anton Brotzler, einem Ornithologen, war das Gebiet Vögel, Robben und Raubkatzen unterstellt. Zusätzlich hatte er die Nomenklatur zu bearbeiten. Er wurde nach dem Ausscheiden von Herrn Jocher eingestellt, der aus gesund-

24 *Zwei Ruheständler: Pascha und ich*

25 Der Gärtner aus Leidenschaft . . .

26 . . . schafft immer weiter

heitlichen Gründen gerade in dem Augenblick ausscheiden mußte, als die Planung des Aquariums begann, auf das er sich so sehr gefreut hatte. Die Betreuung der restlichen Säugetiere, die veterinärmedizinische Versorgung und der Futterhof waren Sache von Dr. Karl Reichel. Die Gewächshäuser und Pflanzenanzuchten hatte Garteninspektor Laukenmann zu überwachen. Für die Parkanlagen und sonstigen staatlichen Gärten standen mir zwei Gartenarchitekten zur Verfügung. Die kaufmännische Verwaltung lag in den bewährten Händen von Amtmann Neff. Die Einteilung in diese Arbeitsschwerpunkte hat sich so gut bewährt, daß sie sich bis zum heutigen Tag nicht geändert hat.
Dr. Reichel war gerade im richtigen Augenblick zu uns gestoßen, um an der Planung für den Futterhof sowie für die Raubtierhäuser, das Dickhäuter- und das Flußpferdehaus mitzuwirken. Die Planung dieser Häuser wurde auf meinen Vorschlag den Architekten Rasser und Vadi in Basel übertragen, da sie ganz hervorragende Tierhäuser in ihrer Heimatstadt gebaut hatten. Die Besprechungen in dieser Zeit waren ein heißes Ringen um die optimalen Lösungen. Besondere Schwierigkeiten gab es beim Futterhof, da es dafür kein gutes Vorbild gab, denn die Futterhöfe der großen Zoos stammten alle aus der Vorkriegszeit und waren lediglich mit modernen Ausstattungen ergänzt.
Mit diesen neuen Bauten erweiterten wir die Wilhelma in den Rosensteinpark hinein. Diese Erweiterung kam gerade noch rechtzeitig, denn in der heutigen Zeit der Bürgerinitiativen wäre es kaum mehr möglich, auch nur ein kleines Stück Park der Wilhelma anzugliedern. Über die Wahl der Architekten konnten wir in jeder Hinsicht zufrieden sein. Sie machten aus dem schwierigen Gelände, es handelt sich

um einen von der überaus belebten Pragstraße begrenzten Nordhang, das Bestmögliche. Die Löwenfreianlage kann als ein ganz großer Wurf bezeichnet werden. Allerdings hat diese Anlage, wie die der Elefanten, den unvermeidlichen Nachteil, daß der Besucher höher steht als die Tiere. Das führt zu einer ungünstigen Verschiebung der Maßstäbe, aber wie erwähnt, ließ das Gelände keine andere Wahl.

Während dieser Planungsphase waren wir auch sonst nicht untätig. Da wir schon längst auf der Suche nach Gorillas waren, griffen wir begeistert zu, als uns ein Tierhändler vom Niederrhein zwei Gorilla-Paare anbot. Leider zeigte sich bei der Kotuntersuchung, daß die Tiere starken Salmonellenbefall aufwiesen. Da der Händler eine weitere Gorillasendung erwartete, machten wir zur Bedingung, daß wir die neuen Tiere am Frankfurter Flughafen direkt abholen könnten. Das hatte nämlich den Vorteil der ersten Wahl, da sechs Gorillas erwartet wurden. Außerdem vermieden wir eine weitere Infektionsgefahr durch den Aufenthalt in den Ställen des Händlers. Die meisten Tiere kommen nämlich nicht krank aus der Wildnis, sondern infizieren sich in den Ställen des Ursprungslandes oder bei den Händlern in Europa. Es braucht ja nur einmal ein krankes Tier in einem solchen Stall gewesen sein, so besteht die Gefahr der Infektion für alle späteren Insassen. Wir hielten die Tiere, als sie in der Wilhelma ankamen, auch so lange in Quarantäne, bis sämtliche Untersuchungen, insbesondere die Kotuntersuchung, abgeschlossen waren. Nachdem die Gorillas aus der Quarantäne entlassen worden waren, kamen sie in die Menschenaffenluxusbaracke, wie wir ihre provisorische Unterkunft beim Giraffengehege nannten.

Hier waren die Schimpansen inzwischen längst ge-

schlechtsreif geworden, trotzdem hatten wir bei ihnen keine Zuchterfolge, da sich die männlichen Tiere in keiner Weise für ihre Artgenossinnen interessierten. Wir vermuten, daß sie, da sie in ihrer Jugend ständig mit Menschen zusammengelebt hatten, auf Menschen geprägt waren. Das zeigte sich auch darin, daß der Hordenchef der Schimpansen, der ein starkes Gefühl für soziale Rangordnung hatte, sobald mein Vertreter oder ich am Käfig vorbeikamen, sofort in Imponierstellung ging und eine tolle Schau abzog.
Besonderes Augenmerk richteten wir auf das neue Aquarium. Man kann sich wohl vorstellen, mit welchen Sorgen wir den ersten Jahren entgegensahen, denn hier waren trotz gründlicher Voruntersuchungen bei so vielen technischen Neuerungen Pannen durchaus möglich. Weil wir alle um die Problematik wußten, waren wir doppelt wachsam. Überraschungen erlebten wir natürlich trotzdem. So hatten wir im Interimsaquarium ein paar Arapaima aufgezogen. Diese Riesenfische wuchsen gut heran und paßten zuletzt knapp in das größte Becken. Wir waren glücklich, sie in das große Becken der Amazonaslandschaft aussetzen zu können, denn hier konnten sie nach Herzenslust schwimmen. Leider taten sie das auch. Diese Bewegung war für sie so ungewohnt, daß sie an einem Herzschlag starben. Es war die gleiche Erscheinung wie bei unserem ersten See-Elefanten, dessen zu gute Ernährung und die mangelnde Bewegung zu Herzverfettung und den damit verbundenen Folgen führte.
Eine andere Überraschung bereitete uns ein Krokodil. Bei der Planung der Krokodilhalle hatten wir lange Diskussionen mit erfahrenen Leitern großer Terrarien über die Sicherheitsabstände geführt. Mit Rücksicht auf unsere be-

sonders günstigen Bedingungen rechneten wir mit einem optimalen Wachstum der Tiere und machten noch Zuschläge. Etwa ein Jahr nach der Inbetriebnahme prüfte ein Gärtner wie allmorgendlich die Feuchtigkeit des Bodens außerhalb der Krokodilbucht mit der Hand. Dabei stieß er auf etwas Klebriges. Er hatte ein Krokodilei zerdrückt! Man kann sich unser Erstaunen, um nicht zu sagen Erschrecken, vorstellen. Denn was hätte da passieren können, wenn ein ahnungsloser Gärtner dem Krokodil während der Eiablage begegnet wäre? Der Zwang, seine Eier an einem sicheren und geeigneten Platz abzulegen, hatte dem Tier offenbar überkrokodilische Kräfte verliehen, so daß es jedes Hindernis überwand. Nach der Eiablage war es offensichtlich wieder in die Krokodilbucht zurückgekehrt und hatte auf der Pflanzfläche nicht die geringste Spur hinterlassen. Vorsichtshalber brachten wir eine weitere Absicherung an der vermutlichen Ausstiegsstelle an. Leider waren die Eier nicht befruchtet, so daß nicht einmal junge Krokodile uns für den Schreck entschädigten.
Nach dem Umzug der Tiere aus dem Interimsaquarium in ihre zukünftige Heimat war dieses Haus wieder zu besetzen. Es war bereits für tropische Vögel und Kleinsäuger sowie Beuteltiere des fünften Kontinents vorgesehen. Dabei war es uns ein Anliegen, die Tiere, vor allem die Vögel, möglichst in ihrem heimischen Milieu vorzustellen. Das war schwierig, denn ein großer Teil der Vögel benimmt sich gegen die Pflanzen, die doch ihre Existenzgrundlage stellen, genauso rücksichtslos wie wir Menschen gegen unsere Mutter Erde und ihre Schätze. Wir mußten die Pflanzen deshalb mit Maschendraht vor ihren Schnäbeln schützen, was das Bild leider etwas beeinträchtigt. Bei großen Papa-

geienarten, wie Ara, machten wir erst gar nicht den Versuch, Pflanzen anzusiedeln.
Mit dem Fortschritt der Neubauten im Rosensteinpark kamen neue Probleme auf uns zu. Sämtliche Bauten standen entlang der Pragstraße. Entsprechend dem geplanten Endzustand hätten nun auch auf der Seite zum Rosensteinpark ebenfalls Tierhäuser stehen müssen, um einen Rundgang zu bilden.
Deshalb mußte vor Eröffnung dieses Erweiterungsteiles etwas geschehen. Da für Neubauten keine Mittel vorhanden waren, mußten wir wieder mit unseren altbewährten Provisorien einspringen. So entstanden noch zehn Gehege mit den dazugehörigen Stallungen. Dank der guten Einnahmen, die wir in dieser Zeit hatten, konnten wir nicht nur Gehege und Stallungen sehr solide erstellen, sondern sie auch mit wertvollen Tieren besetzen. Bei der Besetzung des Raubtierhauses wollten wir das Risiko einer Einschleppung der Stuttgarter Katzenseuche aus dem alten Raubtierhaus nicht eingehen und kauften einen vollkommen neuen Bestand an Tigern, Leoparden, schwarzen Panthern, Jaguaren, Silberlöwen und Löwen, wobei wir die alten Tiere in Zahlung gaben.
Im ersten Jahr hatten wir ausgezeichnete Zuchterfolge. Diese hörten leider bald auf, da eine unbekannte Seuche ausbrach. Später stellten wir fest, daß sie durch den schwarzen Panther eingeschleppt worden war, den uns ein zwar hochangesehener, aber eben nicht übertrieben gewissenhafter Tierhändler verkauft hatte. Wir konnten ihm zwar nichts nachweisen, aber die Krankheit saß in dem neuen Haus. Ich erwähne diesen Fall, um darzutun, daß in der Tiergärtnerei zu Zuchterfolgen eine große Portion Glück gehört. Trotz-

dem gilt auch hier das Sprichwort: »Glück hat auf die Dauer nur derjenige, der genau weiß, wie viel er dem Zufall überlassen darf.«

Das Danaergeschenk

Große Probleme tauchten bei der Besetzung des Elefantenhauses auf. Wir hatten Platz für fünf Elefanten vorgesehen. Ein afrikanischer und zwei indische Elefanten waren vorhanden, ein weiterer wurde von einer Tierfreundin gestiftet. Der fünfte Elefant war als Geschenk einer indischen Provinz an den Wirtschaftsminister unseres Landes angekündigt, der ihn der Wilhelma zugedacht hatte. Als ich von unserem Glück in Kenntnis gesetzt wurde, war ich gleich etwas mißtrauisch, denn bei Tieren schenkt man nicht ungern diejenigen her, die man nicht verkaufen kann, und das sind die Vertreter des starken Geschlechts, also bei den Elefanten die Bullen. Ich erkundigte mich sofort nach dem Geschlecht des Elefanten, konnte aber im Ministerium nur das Versprechen erhalten, daß man sich in Indien danach erkundigen würde. Trotz mehrfacher Anfragen kam aus Indien keine Nachricht. Da wußte ich, woran ich war. Als mir vom Wirtschaftsministerium erklärt wurde, das Geschlecht des Tieres spiele keine Rolle, wir müßten aus politischen Gründen das Geschenk auf alle Fälle annehmen, saß ich wieder einmal in der Tinte. Da ich auf keinen Fall meine Tierwärter durch einen Bullen gefährden wollte, entschloß ich mich, bei einem Tierhändler eine junge Elefantenkuh zu

kaufen, den Bullen in Zahlung zu geben und diese Kuh als das Geschenk zu deklarieren.
Nun erfuhren wir, daß der indische Gesandte extra aus Bonn zur Eröffnung unserer neuen Tierhäuser kommen wolle, um das Geschenk zu übergeben. Da wurde mir mulmig zumute. Denn so gut ein Europäer einen Hengst von einer Stute unterscheiden kann, kennt jeder Inder den Unterschied zwischen einer Elefantenkuh und einem Elefantenbullen. Als nun der kleine Elefant aus Indien ankam, schwammen mir meine letzten Felle davon. Er war nämlich von oben bis unten mit Schriftzeichen bedeckt, die Glück- und Segenswünsche bedeuteten. Damit war natürlich ein Austausch endgültig unmöglich und wir hatten, nachdem die Stellvertreterin längst in der Wilhelma eingetroffen war und ihrer Rolle als Wechselbalg harrte, halt sechs statt fünf Elefanten, und die Überfüllung im Elefantenhaus hatte bereits begonnen.
Im Elefantenhaus sollten gleichzeitig die Nashörner untergebracht werden. Da ein Paar weiße oder Breitmaulnashörner ebenso wie ein Paar Spitzmaul- oder Doppelnashörner nur 40000 DM kostete und jederzeit zu haben war, während die Panzernashörner pro Stück mit 120000 DM gehandelt wurden und äußerst schwer zu bekommen waren, sollte uns die Wahl eigentlich nicht schwergefallen sein. Trotzdem entschieden wir uns für die Panzernashörner, denn sie waren nicht nur wesentlich interessanter und äußerst selten, sondern, was besonders wichtig war, sie bringen als einzige in Gefangenschaft Nachwuchs.
Wir suchten deshalb schon zwei Jahre vor Fertigstellung des Hauses, Beziehungen anzuknüpfen, um diese raren Tiere zu bekommen. Leider lange ohne Erfolg. Zuletzt hat-

ten wir doch Glück und erhielten aus Basel eine Nachzuchtkuh. Es fehlte nun nur noch ein Bulle. Nun stand im Basler Zoo zwar ein Nashornmann, aber der war schon so gut wie fest nach Amerika versprochen, wo seit Jahren eine einsame Kuh lebte. Da ich den Bullen unbedingt haben wollte, mußte ich meinen Basler Kollegen mit einem stichhaltigen Argument überzeugen. Ich erklärte ihm deshalb, er müsse uns schon in seinem eigenen Interesse den Vorzug geben, da er nie sicher sei, ob nicht einmal sein Bulle durch Tod oder andere Ursachen ausfallen würde. Aus Amerika sei der Bulle Nummer zwei aber nicht mehr zu holen. Verkaufe er ihn aber an uns, so hätten wir beide eine erhöhte Sicherheit. Das leuchtete ihm ein. Wir erhielten das Nashorn. Allerdings mit der harten Bedingung eines Rückkaufrechts, falls seinem Bullen etwas zustoßen sollte. Wir stimmten zu, stellten aber unsererseits auch zwei Bedingungen: Der Bulle mußte uns im Falle eines Rückkaufes jederzeit zur Zucht zur Verfügung stehen, außerdem erlosch das Recht, sobald in Basel ein Nashornbulle geboren wurde. So waren wir zu einem Paar Panzernashörnern gekommen. Das weibliche Tier wurde übrigens vom Verein der Freunde der Wilhelma gestiftet. Ein Jahr vor meinem Ausscheiden aus der Wilhelma wurde diese Panzernashornkuh geschlechtsreif und trat ihre Hochzeitsreise nach Basel an, da unser Bulle noch zu jung war. Diese Reise blieb nicht ohne Folgen.
Da die Tragezeit der Panzernashörner 18 Monate beträgt, kam das erste Junge sechs Monate nach meiner Pensionierung zur Welt. Leider wurde es von seiner Mutter erdrückt. Beim nächsten Kalb hatte die Wilhelma Erfolg. Die Ironie des Schicksals wollte es, daß sowohl das erste als auch das zweite Nashornkalb männlichen Geschlechts war.

Da zwischen dem Elefantenhaus und dem Flußpferdehaus wohl Platz für eine Pandaanlage war, aber die dazu nötigen 60 000 Mark im Etat der Bauverwaltung fehlten, sprang der immer hilfreiche Verein der Freunde der Wilhelma ein.
Bei der Besetzung des Flußpferdehauses hätte es beinahe eine Panne gegeben. Während noch ein Jahr zuvor die Flußpferde wie saures Bier angeboten wurden, da sie überall züchteten, aber nur wenige Zoos über ein Flußpferdehaus verfügten, war der Markt plötzlich vollkommen geräumt. Sie wurden nämlich, wie auch die Löwen, in großer Zahl von den gerade entstehenden Safariparks aufgekauft. In diesem Haus entwickelte sich bald eine äußerst erfolgreiche Zucht von Schabrackentapiren und Zwergflußpferden. So war bald der Erweiterungsteil der Wilhelma glänzend besetzt, darunter so viele zoologische Kostbarkeiten, daß es den Rahmen dieses Buches sprengen würde, wollte ich sie alle erwähnen.
Das anfängliche Mißtrauen gegen den Zoo in der Wilhelma und die teilweise Ablehnung seitens der Behörden waren gewichen, im Gegenteil, man war stolz darauf, diese Einrichtung zu besitzen. Das kam auch bei der Eröffnung des Erweiterungsteiles der Wilhelma durch Finanzminister Gleichauf zum Ausdruck.
Das letzte große Projekt, das in der Wilhelma während meines aktiven Dienstes bis zum Rohbau realisiert wurde, war das Menschenaffenhaus. Da es sich bei den Affen um unsere nächsten Verwandten in der Tierwelt handelt, stehen sie auch in jedem größeren Zoo im Mittelpunkt des Interesses. Dazu kommt noch das immer größer werdende Bedürfnis, die vom Aussterben bedrohten Tierarten zu erhalten und zu schützen. Es galt also, ein Haus zu bauen, das in jeder

Hinsicht einer Kritik standhalten konnte und, was wohl die Hauptsache war, die Garantie für eine gute Zucht bot, damit es der Erhaltung dieser Tiere dienen kann.
Der Planung ging auch diesmal wieder ein eingehendes Studium der vorhandenen Anlagen in anderen Zoos voraus. Was uns den meisten Kummer machte, war dabei die Trennung zwischen Besucher und Tier. Diese Trennung muß nicht nur verhindern, daß die Tiere ausbrechen können, sondern auch gleichzeitig ein Schutz der Tiere gegen die Unvernunft mancher Besucher sein. So hatte zum Beispiel ein holländischer Zoo seinen berühmten und erfolgreich züchtenden Stamm Menschenaffen durch Tuberkulose verloren. Die Ansteckung kann schon durch einen angebissenen Apfel erfolgen. Wir waren uns deshalb einig, daß wir sowohl innerhalb des Hauses, als auch im Außenbereich die Tiere durch eine Glasfront vor Kontakten mit den Besuchern schützen müssen.
Das ist um so bedauerlicher, als gerade der unmittelbare Kontakt nicht nur für den Besucher, sondern auch für die Tiere von großer Bedeutung ist. Aber soll sich hinter dem Glas auch noch ein Gitter mit mehr als daumenstarken Stäben befinden, das den Bau zur Gefängniszelle macht? Diese Frage bewegte uns. Vor einigen Jahren hatten wir bereits das neue Menschenaffenhaus des experimentierfreudigen Kollegen Vandenbergh in Antwerpen besucht. Er hatte das Problem mit starken Glasscheiben im Innern des Hauses und einem Wassergraben bei der Freianlage gelöst. Das war im Prinzip großartig, aber in dem Wassergraben war ein prächtiger Gorilla ertrunken, weil er nicht schwimmen konnte. Im Haus saß ein prächtiger Affe in einem zellenähnlichen Innenraum, der die ganze Scheibe mit Kot ver-

schmiert hatte und zwei Tage die Zelle nicht verließ, so daß die Scheibe nicht gereinigt werden konnte. Der zellenartige Eindruck wurde durch die bescheidenen Ausmaße der Scheiben verstärkt. Diese Maße waren aber von der Sicherheit her nötig, da diese Tiere über Riesenkräfte verfügen. Uns erschien diese Lösung nicht sehr glücklich.
Der Durchbruch kam erst, als wir den neuen Raum für Menschenaffen in Frankfurt sahen. Hier war der Antwerpener Gedanke, die Menschenaffen hinter Panzerglas zu zeigen, weiterentwickelt worden. Die Scheibe war nach innen geneigt, und bot dadurch den Gorillas eine ungünstigere Angriffsfläche. Dem Wassergraben, den man in Frankfurt von Antwerpen übernommen und mit Schutzvorrichtungen für die Tiere versehen hatte, traute ich nicht. Mit Recht, denn auch in Frankfurt ertrank ein stattlicher Gorilla.
Während dieser Zeit der Zooerweiterung hätte ich beinahe meinen besten und vertrautesten Mitarbeiter, Dr. Neugebauer, verloren. Als die Stelle des Zoodirektors in Wuppertal neu besetzt werden sollte, erschien eines Tages der Wuppertaler Oberstadtdirektor Stelly in der Wilhelma. Ihm war unter anderen Dr. Neugebauer empfohlen worden, und so wollte er sich einmal ihn und sein Arbeitsgebiet ansehen. Als er sah, was in Stuttgart geschaffen worden war, bot er die Direktorenstelle spontan Dr. Neugebauer an. Er gestaltete das Angebot so verlockend, daß es jedem schwergefallen wäre, nicht darauf einzugehen. Dr. Neugebauer hätte sich nicht nur finanziell ganz erheblich verbessert, sondern wäre selbständig gewesen und hätte seine bescheidene Vierzimmerwohnung gegen einen sehr hübschen Bungalow vertauscht. Auf all das verzichtete er auf mein Versprechen hin, daß ich mich für ihn als meinen Nachfol-

ger einsetzen würde. Das zeigte seine große innere Verbundenheit mit unserem gemeinsamen Werk. Ich freute mich herzlich über seine Entscheidung, obwohl ich ihm die finanzielle Besserstellung von Herzen gegönnt hätte.

Meine Abschiedsvorstellung

Die Jahre bis zum Erreichen der Altersgrenze flogen nur so dahin; es war eine wunderbare Zeit. Die Schwierigkeiten von seiten der Behörden waren vorüber, und in der Wilhelma ermöglichten die sehr guten Einnahmen einen sinnvollen und großzügigen Ausbau des Tier- und Pflanzenbestandes. Auch unsere Politik, grundsätzlich nur junge Tiere zu kaufen und lieber einige Jahre zu warten, bis sie erwachsen und zuchtfähig sind, zeigte die ersten Erfolge. Am 1. April 1970 schied ich aus dem aktiven Dienst der Wilhelma aus. Durch meine Pensionierung hatte ich nun Gelegenheit, meine ganze Zeit auf das Blühende Barock zu verwenden. Allerdings hatte ich nicht die Absicht, mich noch ganztägig zu binden, da ich auch von meinem Bauernhof im Allgäu in Anspruch genommen war. Ich einigte mich deshalb mit dem Aufsichtsrat auf eine halbtägige Tätigkeit. Es war schon sehr wichtig, daß ich mich um das Blühende Barock stärker annehmen konnte als bisher, denn je länger dieser Garten bestand, um so schwieriger war es, über die Eintrittsgelder die nötige Finanzierung zu erreichen. Dem Blühenden Barock fehlt die Besucherreserve der Großstadt, in der die Straßenbahn schon über die Hälfte der Besucher vor den Eingang bringt. So war es in den nächsten Jahren eine wichtige Aufgabe, das Blühende Barock auf eine Basis zu stellen, die ihm auch in der Zukunft seinen Bestand sichert. Das sah auch der Aufsichtsrat ein, denn der Schreck über die Verlustjahre saß ihm noch in den Knochen, und ich tat mein möglichstes, diesen Zustand zu erhalten, denn um so leichter konnte ich neue Ideen durchsetzen. Ich mußte nur vorsichtig vorgehen. Mein nächstes Projekt, die Herzogsschaukel, hatte ich während meiner Münchner Studienzeit auf dem Oktoberfest als Hexenschaukel erlebt. Aber ich hütete mich wohl, dies zu erzählen. Bei dieser Schaukel wird der Raum in Bewegung gesetzt und nicht die Schaukel selbst. Deshalb erzählte ich lieber von Goethes Studien über optische Sinnestäuschungen und den Überlegungen von Leibniz in seiner Zeit am Hofe der Welfenherzöge in Hannover. Nach dem Aufmarsch von so viel geistiger Prominenz waren die Bedenken überwunden. Es war nur noch der richtige Standort zu finden. Dazu bot sich die günstige Gelegenheit, ein städtisches Grundstück an der alten Marbacher Straße, das an den Märchengarten angrenzt, dem Blühenden Barock einzuverleiben. Ein paar lärmempfindliche und nicht ganz einflußlose Bürger hatten nämlich keine Freude am Lachen der Kinder beim Kasperle des Blühenden Barocks. Eine ersatzlose Schließung des Kasperletheaters hätte viele Mütter auf die Barrikaden gebracht. So waren Oberbürgermeister und Gemeinderäte, die dem Aufsichtsrat angehörten, froh über meinen Vorschlag, das Kasperletheater an die Marbacher Straße zu verlegen und gerne einverstanden, uns das Grundstück zu überlassen. Damit hatte ich Erweiterungsgelände und gleichzeitig Platz für die Schaukel.

Diese Schaukel war zwar beliebt, erwies sich aber nicht als eine Attraktion von der Qualität des Baches, denn nur wenige Besucher hatten das Bedürfnis, die Schaukel mehrmals aufzusuchen. Es sei denn, sie konnten sich dabei an den Gesichtern ihrer Bekannten weiden, die das erstemal auf der Schaukel saßen. Sie war deshalb eine nette Ergänzung, aber um den ständigen Besuch des Blühenden Barocks zu sichern, mußte ich mir schon mehr einfallen lassen. Man konnte es drehen und wenden wie man wollte, die sicheren Besucher waren immer noch die Familien. Deshalb mußte der Garten so familienfreundlich wie möglich gestaltet werden. Man mußte Einrichtungen schaffen, die den Geldbeutel des Familienvaters nicht belasten. Das ist auch der Grund, weshalb der Eintritt für Kinder besonders niedrig und ab dem dritten Kind unentgeltlich ist. Darum richteten wir bei der Herzogsschaukel Grillplätze ein. Da ich selbst beim Grillen den beißenden Rauch lästig fand, stattete ich die Grillstände mit Gas aus.

Da ich mit 70 Jahren endgültig als Geschäftsführer des Blühenden Barocks ausscheiden wollte, hatte ich 1974, gewissermaßen als Abschiedsvorstellung, eine Jubiläumsgartenschau vorgesehen.

Es war eigentlich kein so richtiges Jubiläum, denn das Blühende Barock bestand 1974 erst 20, der Gärtnereiverband 70 und das Schloß 270 Jahre. Aber Jubiläum hin oder her, der Zeitpunkt war besonders günstig. Es war längere Zeit im süddeutschen Raum keine Gartenschau gezeigt worden, während Mannheim für 1975 eine Bundesgartenschau geplant hatte und 1977 die Stuttgarter Gartenschau ihre Tore öffnen wollte. Als die Sache ruchbar wurde, protestierten die Mannheimer lautstark, zumal der deutsche Gartenbau-

tag in Ludwigsburg stattfinden sollte. Wir empfanden diesen Protest als eine Kundgebung von Respekt, denn wir hatten noch nicht einmal sieben Prozent der Mittel, die Mannheim vorgesehen hatte, zur Verfügung. Aber gerade das reizte mich an der ganzen Geschichte, denn es ist viel interessanter mit wenig Geld viel zu machen als umgekehrt.
Bei der Planung dachte ich an eine Ausweitung unserer Azaleen- und Rhododendronpflanzungen, da diese sich hervorragend entwickelten. Sie sollten sich als 600 Meter langes und bis zu 70 Meter breites Band von der Emichsburg in einem großen Bogen bis zur Marbacher Straße hinziehen und die größte geschlossene Rhododendronanlage von Süddeutschland werden. Im Schloßgarten planten wir ein 500 Meter langes und 30 Meter breites Band von Parkrosen entlang der Alleen und der Schorndorfer Straße. Des weiteren war eine Rosenvergleichsschau oberhalb der Heckengärten vorgesehen und hinter den Balustraden vor dem Schloß eine Dahlienvergleichsschau. Die große Überraschung für das Publikum sollte eine vorgezogene Frühlingsblüte vor dem Schloß werden. Im März, also zu einer Zeit, in der die Bäume noch kahl sind und der Rasen braun ist, wollten wir damit die große Blumensehnsucht stillen, die im Vorfrühling die Menschen erfüllt.
Zu diesem Zwecke breiteten wir einen blühenden Teppich aus einer halben Million Tulpen, Narzissen, Hyazinthen, Primeln und zahlreichen anderen Frühlingsblühern, die in den Gewächshäusern und Frühbeeten des Blühenden Barocks vorgetrieben waren, vor dem Schloß aus. Das war nicht mehr und nicht weniger riskant, als die Veranstaltung eines Feuerwerks, denn der Erfolg hing, wie bei diesem, vom Wetter ab. Vielleicht hatte diese frühe Blumenpracht

deshalb bisher niemand riskiert, auf alle Fälle war sie einmalig und hatte bei der Eröffnung einen Riesenerfolg.
Auf der Nordseite des Schlosses ließ ich von Gartendirektor Siepen aus Heidelberg zusätzliche Broderien nach alten Stichen des Hortus Palatinus anlegen. Dadurch kann man nun von Gartenanlagen der Renaissance bis zum landschaftlichen Park des Biedermeier alle Gartenformen genießen. Das Ganze nannte ich »Gärten der Jahrhunderte«.
Als ganz besondere und für eine Gartenschau ungewöhnliche Attraktion hatte ich mir eine 150 Meter lange und bis zu 40 Meter breite Vogelvoliere südlich des Schloßparks ausgedacht. Sie sollte nicht nur die größte Voliere Europas sein, sondern die Besucher sollten auf einem Spazierweg durch die Voliere hindurchgeführt werden, so daß sie die Vögel ohne jedes störende Gitter erlebten. Flamingo und Kranicharten, denen in den Zoos normalerweise die Flügel gestutzt werden, sollten hier fliegen können. Schleusen am Ein- und Ausgang sollten die Vögel am Entweichen hindern. Als Schleuse am Ausgang diente in meinem Plan der Posilipo, ein alter Tunnel, der zwei Täler verbindet. Er führt direkt ins Rhododendrontal mit Blick auf die Emichsburg.
Die Blumenschauen im Schloß, die 1954 ein breites Echo bei der Bevölkerung gefunden hatten, wollten wir auch wieder veranstalten. Als ich den gewählten Präsidenten des Württembergischen Gärtnereiverbandes, den Landtagsabgeordneten Haag, in meine Pläne einweihte, war er durchaus davon eingenommen und versprach auch, sich dafür einzusetzen, daß der Deutsche Gartenbautag in Ludwigsburg stattfindet.
Auch den Aufsichtsrat des Blühenden Barocks konnte ich für meine Idee gewinnen. Seine Mitglieder atmeten freilich

auf, weil es sich diesmal »nur« um eine Gartenschau handelte und nicht schon wieder um eine Erweiterung des Märchengartens.
Zur Vorbereitung der Rhododendronpflanzungen kamen zahllose Lastzüge mit Torf aus Oberschwaben, und die Oldenburger Rhododendronzüchter erwiesen sich als ebenso hilfsbereite wie großzügige Partner, vor allen Dingen mein Freund Willi Bruns, der uns bis zu drei Meter hohe Azaleen, die sich zum Treiben eigneten, zur Verfügung stellte. Die Azaleen waren dann auch ausgesuchte Glanzstücke bei den Ausstellungen im Schloß, denn so etwas hatte man in ganz Süddeutschland noch nicht gesehen. Die Verhandlungen wegen der Blumenschauen verliefen erfolgreich.
Das einzige, was mir Sorge machte, war die Voliere. Hier hatte ich ganz neue Vorstellungen. Die herkömmlichen Volieren waren mir alle zu steif und finanziell zu aufwendig. Es schwebte mir eine Mischung zwischen einem Hopfengarten und einem Zelt vor, das mit einem Drahtgeflecht überzogen ist. Da ein Hektar Hopfengarten zu erstellen etwa 30000 DM kostete, wäre das Ganze, selbst wenn man das Überziehen mit Drahtgeflecht und Spezialeinbauten wie Schleusen, Winterquartier der Tiere und so weiter mitrechnet, mit 250000 bis 300000 DM zu bewältigen gewesen. Da wir auf Wunsch der Baugruppe des Ministeriums einen jungen, tüchtigen Architekten zugezogen hatten, war bald ein Plan nach meinen Vorstellungen erarbeitet. Aber die Schwierigkeiten stellten sich erst noch ein. Der Sachbearbeiter beim Baurechtsamt der Stadt Ludwigsburg verlangte nämlich einen statischen Nachweis. Ich wandte natürlich ein, daß noch kein Mensch für einen Hopfengarten einen statischen Nachweis beigebracht hätte. Er stellte

sich jedoch auf den Standpunkt, daß es sich, sobald man über einen Hopfengarten ein Drahtgeflecht zieht, um keinen Hopfengarten mehr handelt, sondern um ein Bauwerk. Ich ahnte nichts Gutes. Seufzend schaltete ich einen Statiker ein. Wir besichtigten gemeinsam Hopfengärten in der Umgebung von Tettnang, und dann machte sich der Statiker an die Berechnungen. Nach seinen Ergebnissen hätten eigentlich sämtliche Hopfengärten Oberschwabens noch am gleichen Tage umfallen müssen, weil sie den errechneten Zugkräften nicht gewachsen waren. Mit jedem normalen Gartenzaun wäre es nicht anders passiert.

Als wir dann mit unseren Unterlagen zu dem uns benannten Prüfstatiker kamen, erkannte ich, wie großzügig und entgegenkommend unser Statiker tatsächlich war. Dieser Prüfstatiker hatte das Olympiadach in München errechnet und stellte an unsere Voliere zwar nicht die gleichen, aber doch sehr beachtliche Forderungen. Damit war es bei unseren finanziellen Möglichkeiten ausgeschlossen, diese Voliere zu realisieren. Da inzwischen wertvolle Zeit verstrichen war und die Voliere keinesfalls rechtzeitig fertig geworden wäre, ließ ich das Projekt vorläufig fallen.

Während einer Unterhaltung über Vogelstimmen kam mir die Idee, die Gäste im Blühenden Barock mit den Stimmen unserer Singvögel bekannt zu machen. Ich setzte mich mit Dr. Ruge, dem Leiter der Vogelschutzwarte in Ludwigsburg in Verbindung. Ihm gefiel das Projekt, und er sagte seine Mitarbeit zu.

Da wir einen tüchtigen Elektromeister für den Märchengarten in unserem Team hatten, war alles weitere kein Problem. Wir wählten ein hübsches Tälchen aus und installierten die Einrichtungen für das »Tal der Vogelstimmen«. Auf

Tafeln wurden die Vögel eines Biotops abgebildet. Wenn sich nun ein Besucher einer der Tafeln nähert, unterbricht er eine Lichtschranke. Der Name eines Vogels leuchtet auf, und der gefiederte Sänger läßt sein Lied erschallen. Hat er sein Lied beendet, tritt der nächste Sänger auf. Auf diese Weise lernen viele Besucher gewissermaßen im Vorbeigehen unsere heimische Vogelwelt kennen. Die Jubiläumsschau war so erfolgreich, daß nicht nur die gesamten Kosten gedeckt wurden, sondern auch eine beachtliche Rückstellung für den Bau der Voliere, die mir immer noch im Kopf umging, möglich war.
Da die Konstruktion nach dem Prinzip des Hopfengartens an den Forderungen der Statiker gescheitert war, mußte eine andere Lösung gefunden werden. Nun versuchten wir es auf eine ganz andere Weise. Wir gingen von einer Bogenkonstruktion aus, wie wir sie bei Foliengewächshäusern kennen. Bei ihnen werden einfach halbkreisförmig gebogene Röhren mit einer Plastikfolie überzogen. Anstelle dieses Folienüberzuges stellten wir uns Drahtgeflechte vor. Das Modell, das mein Mitarbeiter Jaeger baute, sah aus, als ob eine überdimensionierte Raupe über das anmutig bewegte Gelände kriechen würde. So sehr ich für nüchterne Zweckbauten bin, aber das war zuviel des Guten. Als wir bedrückt vor dem Modell standen, und es mit dem eleganten Modell des Hopfengartens verglichen, kam mir plötzlich ein Gedanke. Ich nahm die einzelnen Binder und steckte sie so in den Boden des Modells, daß sie nicht mehr parallel standen, sondern sich wie die Rippen eines Kreuzgangs kreuzten. Allerdings wählte ich die Schnittpunkte nicht am Scheitelpunkt, sondern am unteren Drittel. Dadurch war aus der monotonen Raupe ein Gebilde geworden, das in dem be-

wegten Gelände eine interessante Lösung versprach. Auch der Aufsichtsrat akzeptierte diese Konstruktion, und es lief alles vorzüglich bis zu dem Augenblick, als wir wieder die Statiker bemühen mußten. Neiderfüllt dachte ich an die Bauherren und Architekten jenseits unserer bundesdeutschen Grenzen, von denen kein statischer Nachweis für ein solches Bauwerk gefordert wird. Der Statiker errechnete, wie zu erwarten war, eine Rohrdimension, die es unmöglich machte, Rohre von dieser Stärke und Länge zu biegen. Trotz vieler Umfragen erklärte sich jedes Hüttenwerk außerstande, den Auftrag auszuführen. Es blieb nichts anderes übrig, als die Bogen durch gerade Träger zu ersetzen, die wir an den Kreuzungsstellen knickten. Das war zwar nicht so elegant, aber durchführbar. Da es wirklich keine Alternative mehr gab, fanden wir uns, nicht gerade begeistert, mit dieser Lösung ab.

1977 wurde die Voliere eröffnet. Sie fand viel Beifall und erwies sich als eine wertvolle Ergänzung. Jetzt stand das Blühende Barock nicht mehr nur auf zwei Beinen, sondern auf dreien. Der Park und Schloßgarten für die Blumenfreunde, der Märchengarten für die Kinder, die Großvoliere und die Volieren auf der Planie sowie das Tal der Vogelstimmen für die Natur- und Tierfreunde. Damit hatte das Blühende Barock eine solide Grundlage für seine Existenz in den kommenden Jahren erhalten.

Auch durch eine weitere Jubiläumsausstellung im Jahre 1979 wurde die Substanz des Blühenden Barocks so vermehrt, daß ich mich beruhigt auf den Köpfhof zurückziehen konnte. Aus der Ferne freue ich mich jetzt an der guten Entwicklung der Gärten, denen ich mein Leben gewidmet habe.

Zu guter Letzt

Wenn ich nun auf meinem Bauernhof im Allgäu auf die vergangenen Jahrzehnte zurückblicke, so habe ich das Gefühl, im Leben ungeheuer viel Glück gehabt zu haben. Die Zeit nach dem Kriege war der einzige Augenblick, in dem es möglich war, die Wilhelma zum Zoo zu machen und das Blühende Barock ins Leben zu rufen. Glück hatte ich bei der Auswahl meiner Mitarbeiter, die mit mir durch dick und dünn gingen. Glück hatte ich mit dem Langmut und dem Verständnis meiner Vorgesetzten und des Aufsichtsrates des Blühenden Barocks, denen ich allerhand zumutete. Glück hatte ich auch, weil ich im Verein der Freunde der Wilhelma und unter den Journalisten treue Freunde hatte, die stets zur Stelle waren, wenn Gefahr im Verzug war.
Das sind die Gründe meines Erfolgs. Wenn ich noch einen weiteren Grund nennen soll, so ist es die Tatsache, daß ich stets nur das zu machen versuchte, was mir Freude bereitete, auch auf die Gefahr hin, mich unbeliebt zu machen. Denn was man freudigen Herzens tut, führt letzten Endes doch zum Erfolg. Nein, ein guter Beamter war ich wirklich nicht, aber wie sagte doch mein väterlicher Freund Dr. Feucht? »Dieser Schöchle ist ein Mensch, der sich des öfteren phantastisch in die Nesseln setzt, aber zum Erstaunen aller höchst unbeschadet wieder herauskommt.«

Statt eines Nachworts: Ein Spaziergang mit Albert Schöchle

Wir waren an einem sonnigen, aber windigen Aprilnachmittag zusammen den Buchenberg hinaufgeschnauft. Nein, ich muß der Wahrheit die Ehre geben, geschnauft habe nur ich, die ich halb so alt bin wie Albert Schöchle. Er, immer einen Schritt voraus, unbeirrt durch den kühlen Westwind, eine Jacke hatte er erst gar nicht mitgenommen, wollte mir seinen Bauernhof zeigen, den er seit seiner Pensionierung umtreibt.
Zwischen unzähligen, etwa zwei Meter hohen Blaufichten hindurch, strebten wir bergan, und Albert Schöchle erklärte unablässig. Vor 20 Jahren habe er die ursprünglich aus Nordamerika stammenden Bäume gepflanzt, um den Allgäuer Bauern klarzumachen, daß man nicht nur mit Viehzucht Geld verdienen kann. Mit einem für ihn typischen »Hm, also das ist so«, beginnt er, seine Überlegungen zu entwickeln: Wenn ein Landwirt als junger Mann eine solche Blaufichtenkultur anlegt, dann wachsen ihm die Bäume, bis er in Rente geht, ins Geld. Nach 20, 30 Jahren sind sie schon so groß, daß man ihr Reis »ernten« kann, das für Kränze und Gebinde bei den Gärtnern sehr gefragt ist. Zum Austrag hat der alte Bauer damit einen netten Nebenverdienst. Auf meine Frage, warum sein Vorschlag denn keine

Schule gemacht hat, sonst müßten im Allgäu die Blaufichten ja überall in den Himmel wachsen, greift er in Brusthöhe nach einem Zweig. Er ist braun. »Wissen Sie, was das ist?« Nein, natürlich weiß ich es nicht. »Das ist ein Hasenverbiß. Ich hab' den Hof nämlich im Sommer gekauft und nicht gemerkt, daß ich das ärgste Schneeloch des ganzen Allgäus erwischt habe.« Die in ihrer Heimat an milderes Klima gewöhnten Bäume werden also hier von den Schneemassen fast erdrückt. Während dieser Privatstunde in Naturkundeunterricht erfahre ich dann auch, daß in Monokulturen der Krankheits- und Schädlingsbefall zunimmt; noch ein Grund, warum die Pflege der Fichten am Buchenberg ein bißchen Mühe macht. »Ich habe hier viel dazugelernt«, sagt der ehemalige Gartenbaudirektor, »und Lernen ist für mich eigentlich das Schönste.«
Das glaube ich ihm aufs Wort, denn sonst wäre wohl nicht aus dem Gärtnerlehrling Albert der Wilhelmachef Schöchle geworden. In der Rekordzeit von neun Jahren hat er die mittlere Reife und das Abitur nachgeholt, hat in Weihenstephan Gartenbau, in München, Stuttgart und Tübingen Naturwissenschaften studiert und als 28jähriger Studienreferendar die Leitung der Stuttgarter Wilhelma und des Rosensteinparks übernommen. Die Puste ist ihm, genauso wie bei diesem Spaziergang, in all den Jahren nie ausgegangen, übrigens auch später nicht. Man kann kaum das Gefühl nachvollziehen, das den »heimkehrenden Landmann« beschlichen haben muß, als er die Wilhelma nach dem Krieg wiedersah. Von dem botanischen Garten, der in den wenigen Jahren des Wirkens vor dem Krieg so viele Auszeichnungen einheimsen konnte wie alle öffentlichen Gärten Deutschlands zusammen, war nur ein Trümmerhaufen

übriggeblieben. Nur zwei Prozent des Pflanzenbestandes hat den Krieg überdauert.
Wie der 76jährige nun aber so vor mir ging, ein wenig gegen den Wind gebeugt, konnte ich mir um so besser vorstellen, wie er »die Ärmel hochgekrempelt und die Hacke geschultert« hat, um aus dem verwüsteten Gelände das wichtigste Erholungszentrum Stuttgarts zu machen. Daß vor der Königin der Nacht erst einmal Tomaten blühten, zeigt Albert Schöchles Sinn für Realität. Mehrere hundert Hektar Land in etwa 40 Parkanlagen und Gärten hat er noch nebenher verwaltet. Und heute? 7 Hektar bewirtschaftet der Pensionär als Köpfhofbauer, und er meint, das sei »a ganz schöns Gärtle, b'sonders wenn ma's schaffe muaß«. Acht oder neun Stunden am Tag steht er im Herbst auf der Leiter und schneidet Blaufichtenreis. »Das hält elastisch, genauso wie früher der Kampf mit den Beamten.« Als er das sagt, grinst er so unverschämt fröhlich, wie nur einer grinsen kann, der genau weiß, wie Baden-Württemberg ganz nebenbei und völlig aus Versehen zu seinem zoologischen Garten gekommen ist, auf den man natürlich inzwischen auch auf den Ministerialratsetagen stolz ist.
7879 Tiere in 1041 Arten lebten am 1. Januar 1981 in der Stuttgarter Wilhelma, und dabei ist kein Kaninchen mehr mitgezählt, das die Planstelle für einen Löwen freihalten muß. Nur etwa die Hälfte waren es, als Albert Schöchle 1970 in den Ruhestand ging, aber er hatte die Weichen schon gestellt für den weiteren Ausbau. In seiner »Regierungszeit« wurden neben vielen anderen bequemen Behausungen für Menschen und Tiere auch das weltweit vorbildliche Aquarium gebaut und das Affenhaus geplant. Dies von einem, der eigentlich Gärtner und Botaniker ist, nicht

Zoologe. Ob er die Viecher aus Publicity für seinen betulichen botanischen Garten oder aus Gründen der Ökologie in Käfige gesperrt hat? Ich will es jetzt einfach wissen, wann man bei Albert Schöchle im Fettnäpfchen steht. Fehlanzeige. Er hat eine verblüffend einfache Antwort parat. »Ich liebe alles, was lebt«, und dann zeigt er mir ein paar Fuchsbauten, deren Existenz er als großes Geheimnis hütet, weil er mit den Füchsen den Förster fürchtet. Pascha, der Berner Sennenhund, der uns auf unserem Spaziergang begleitet, bekommt Schnupperverbot. »Pfui«, auf dem Ohr hört er schlecht. »Pascha Fressen«, das ist das Zauberwort, und er trottet wieder brav hinter uns her. Ein kleiner Trick wird doch gestattet sein!? Fast entschuldigend fügt Albert Schöchle hinzu, daß Pucki, der Hund Nr. 2 auf dem Köpfhof, ein Dackel und folglich ein Schlitzohr, den Pascha verdorben habe. »Wie der Herr so das G'scherr«, den Satz schlucke ich schnell wieder hinunter, aber ich glaube, durch den Allgäuer Dickschädel meines Nachbarn blitzt in diesem Augenblick derselbe Gedanke.
Dieser Anflug von weiser Einsicht ist im Nu verflogen, denn jetzt, noch ein Stück weiter oben auf dem Buchenberg, wird der Ausblick auf Kempten, das Illertal und die Alpenkette immer weiter und großartiger. Es ist dunstig, die Salzburger Alpen und die Zugspitze bleiben verborgen, deutlich erkennt man aber den Hochvogel, die Tannheimer Berge und den Grünten. Man sieht Albert Schöchle an, wie sehr er diesen Blick mag. Hat er nicht trotzdem manchmal Heimweh nach Stuttgart? Ich erinnere ihn daran, daß in der Wilhelma jetzt die Magnolien blühen, die er von seinem Arbeitszimmer aus jeden Tag sehen konnte. »Manchmal schon ein bißchen, doch, aber dann kann ich ja nach Stutt-

gart fahren.« Er unternimmt diese Reise nicht zu oft, denn die Distanz von seinem ehemaligen Arbeitsbereich ist ihm wichtig; er will seinen Nachfolgern nicht auf die Nerven fallen. Deshalb ist er in seine Kinderheimat zurückgekehrt und hat sich mit seinem »Gärtle« eine neue Aufgabe für den Lebensabend gesucht. Albert Schöchle kommt wie so oft ins Erzählen: -zig Höfe hätten sich seine Frau und er angeschaut, im ganzen Allgäu herum, aber der Köpfhof hätte es ihnen dann wegen seiner bezaubernden Lage angetan. Er hat natürlich auch die Geschichte des Anwesens im Kopf. Der Einödhof wurde in der Renaissancezeit als Musterhof vom Hofbaumeister des Kemptener Fürstabtes Giel von Gielsberg gebaut. Von dem Platz aus, an dem wir stehen, sehen wir nicht viel mehr als sein ausladendes Dach, denn er steht in einer flachen Mulde, auf halber Höhe des Buchenberges. Dafür leuchtet eine Wiese, übersät mit Narzissen, die weiß und gelb um die Wette blühen, zu uns herauf. 30000 Zwiebeln hat der leidenschaftliche Gärtner im Lauf der Jahre in den Boden gesenkt. Blumen in kleinen Mengen, bekennt er selbstironisch, könne er nicht ausstehen. »Ist diese Blütenpracht nicht etwas, worüber sich die Menschen einfach freuen müssen?«

Mit dieser Frage spricht nun ganz der Initiator des Blühenden Barocks in Ludwigsburg aus ihm. Ohne öffentliche Mittel, gestützt auf die Einnahmen der Jubiläumsgartenschau von 1954, hat er den verwahrlosten Schloßpark saniert und den Märchengarten eingerichtet, zur Freude der kleinen und großen Besucher. Für dieses Unternehmen hat er handfeste Prügel bezogen, bezieht sie immer noch. Seine Kritiker werfen ihm vor, daß er das Schloß mit einem barokken Garten umgeben habe, der so nie existierte. Sie treten für eine streng klassizistische Anlage ein, die mit Thourets Plänen genau belegbar ist, aber für Schöchle dem Geist der barocken Schloßanlage widerspricht. Ihm geht es nicht um die historische Genauigkeit, sondern um die historische Idee, die verwirklicht werden muß. Es stört ihn auch keineswegs, daß er angegriffen wird. Im Gegenteil. Es regt ihn höchstens an, zu forschen und nachzudenken, wie sich die württembergischen Herzöge ihren Schloßpark gewünscht haben könnten, und was ihre Architekten verpfuscht haben. Dies alles findet in einem Parkpflegewerk seinen Niederschlag, an dem Albert Schöchle gerade arbeitet. Diese Dokumentation ist nach seiner Meinung eine gute Sache. Aber ob die kommenden Generationen von Gartenarchitekten und Gärtnern sich an das halten, was ihnen vorgedacht worden ist, dieser Gedanke erfüllt den unruhigen Geist mit Skepsis und ein wenig mit Schrecken. »Mich haben solche Dinge nie beeinflußt, dazu hab' ich viel zuviel Freude am Selberdenken gehabt.« Tradition hat für ihn nur einen Sinn, wenn man lebendig mit ihr umgeht.

Konservieren, diesen Ausdruck findet man nicht in Albert Schöchles Sprachschatz. Um so häufiger benutzt er das Wort Idee. Ideen, davon hat er sein Leben lang genug gehabt, unkonventionelle zumeist, aber vermutlich mußte man sie haben, wenn man in den schwierigen Jahren nach dem Krieg das zuwege bringen wollte, was er geschaffen hat.

Für eine gute Viertelstunde unseres Gesprächs sind Albert Schöchles Kopf und Herz nun doch von den Allgäuer Bergen ins Neckartal umgezogen, fast unversehens waren wir nämlich den Berg wieder hinuntergewandert. Am Gartenzaun hinter dem Haus bleibt der Köpfhofbauer stehen und

sagt ein wenig nachdenklich: »Eigentlich habe ich immer so viele Ideen gehabt, daß es überhaupt nichts ausmachte, wenn eine davon nicht verwirklicht wurde.«
Bevor wir ins Haus gehen, führt er mich noch in seine Garage. Er hat darin ein Gewächshaus eingerichtet.

Im April 1981 — Heidi-Barbara Kloos

Fotonachweis

Aerolux: 20 (Freig. Nr. 1732/68 Reg. Präs. Darmstadt)
Beck, Stuttgart: 4
Zens Engel, Stuttgart: 21
Kurt Eppler, Stuttgart: 13, 14, 16
Hans Peter Feddersen, Stuttgart: 19
Dieter Geißler, Stuttgart: 18
Fritz Gramm, Stuttgart: 9
Fritz Hartmann, Stuttgart: 10
Pressefoto Kraufmann, Stuttgart: 11, 12, 17
B. Jörg Landes: 25, 26
Wilhelm Röckle, Ludwigsburg: 22, 23
Stadtarchiv Stuttgart: 3, 5–7
Stuttgarter Zeitung/Scheerer: 24
Hans Vetter, Stuttgart: 8, 15